ムダをなくして利益を生み出す

食品工場の生産管理 第2版

弘中泰雅［著］
Hironaka Yasumasa

日刊工業新聞社

第2版のまえがき

　本書の初版1刷は2011年に発刊されました。皆様から多くのご支持をその後7年間に渡って頂くことによって6刷まで発刊することができました。ここに読者の皆様のこれまでのご支援に御礼を申し上げます。またそろそろ7刷を発刊する時期ですが、以下の理由もあり7刷ではなく改訂版にすることに決め、第2版として本書をお届けしたいと思います。

　第2版とした理由の1つは、本著初版の第1章には日本の食品製造業の状況を統計資料で分析して載せていますが、2008年のリーマンショックや2011年の東北大震災など日本経済や社会に影響する大きな出来事が起こり、食品製造業を取り巻く環境が大きく変化したにも関わらず、統計の数値の公表は数年遅れるためにそれらの変化を2011年発刊の初版には反映することができなかったからです。そのために昨今の食品製造業の状況を改めて分析し現す必要をずっと感じていた事。

　もう1つは30兆円の規模を誇る食品製造業の所管である農林水産省の食料産業局の現在の食品製造課は、以前は食品製造卸売課で食品製造業と食品流通業の両方を取り扱う課でしたが、平成27年10月から食品流通課と食品製造課に分けられて食品製造業の規模と実態に近い体制になりました。食品製造業の所管官庁である農林水産省の対象産業の実態はこれまではいわゆる農業や水産業などの第1次産業でしたが、その農林水産省が初めて本格的に第2次産業である食品製造業に注力し始めた記念すべき時期だからです。

　農林水産省の食品製造業に対する具体的な方針は平成29年度からの食品産業戦略会議でまとめられた「食品産業戦略　食品産業の2020年代ビジョン」で発表されました。平成30年3月から全国の9箇所で開催される食品産業生産性向上フォーラムなどの食品産業への取り組みに見られるように、食品製造業をはじめとし、食品産業振興への政策がとられることになりました。また平成30年度には食品産業イノベーション推進事業も始まりました。これには革新的技術活用実証事業ならびに業種別業務最適化実証事業が含まれます。これらの事業の効果を確認しより良い方策を練るためにも、関係者が正しい食品製造業の状況を認識することは極めて大切だと考えています。その目的のために本改定版ではできるだけ新しい食品製造業の現状分析を載せることにした訳です。

　もう一つの大きな変更は以前の初版には品質管理の領域を記載していましたが、その後品質管理に特化した「食品工場の品質管理」を発行したので、本著にその領

域の記述が必要なくなりそれを削除しました。その分食品製造業の分析や事例の充実を行ないました。特に初版で紹介した工場のその後の変化も書き加えました。企業は継続して発展する必要があり、社員、工場がいかに変っていくかがその企業・産業の栄枯盛衰に関わるからです。加えて幾つかの事例も追加しました。

　一言に食品製造業といっても各業種の生産性の変化は異なります。例えば同じパン・菓子製造業の中でも、ここ10年間でパン製造業の生産性は相当に向上しています。これに反して生菓子製造業は生産性が漸次後退しています。よく食品製造業とひとくくりにされますが、各々の食品製造業の分野での革新や努力の程度によって各々の生産性の増減は異なります。各自、各社、各業界の生産性向上への取り組みがその業界の生産性向上の差になって現れます。本書が各社各業界の皆様の生産性向上活動に少しでも役立てば幸甚です。

2018年9月

奈良の寓居にて　　　　弘中　泰雅

まえがき

「生産性を上げたいが、どうしても思い通りに行かない」、「生産性を上げることで、なんとか残業時間を削減したい」。

そんなことを考えている食品工場が多いのではないでしょうか。一般的な製造業の工場に比べ、食品工場の生産性は低いと言われます。その原因は何でしょうか。そしてどうすればその生産性は向上するのでしょうか。これが以前から私が考えてきたことであり、この本のテーマです。

私は、大学院修了後、食品企業に就職し、その会社で食品の研究や製造に関する仕事に10余年従事しましたが、この間、食品製造業の生産性が極めて低いことを実感し、食品工場の生産がもっと合理的に行えないかと思考し始めました。当時思い切ってZ-80マシンを買い、簡単なプログラムを作成するなどして、何とか生産性の向上を図れないかと考えていました。今から思えば素人としてはかなり早い時期に、MRPの真似事のようなことをしていたのです。

その後世界初の家庭用製パン器の開発に参加するために、船井電機㈱に入社しました。当時の船井電機は、トヨタ生産システム（TPS）を源流とする、船井生産システム（FPS）に取り組んでいましたが、食品企業しか知らない私には、FPSの考え方がよく理解できず、国内外の工場に何度も足を運び、実際の生産システムを体験しました。また、部品メーカーなど多くの工場を視察し、徐々にFPSの考え方や生産システムの重要性を理解していったのです。そしてこれを理解すればするほど、「食品製造業の生産性はなぜ低いのか」ということを、再び考えるようになりました。

食品製造業の生産性は、製造業平均の約60％しかありません。なぜ電機製造業の生産性は高いのか、食品製造業と電機製造業の生産性の差はどこにあるのか。色々なことを考えました。

そして気づいたのが食品製造業には、生産管理に関するノウハウが不足しているということです。つまり今こそ、食品工場を対象とした生産管理の本が必要なのです。もちろん、既に生産管理の書籍は、たくさん出版されていますが、多くのものは機械工場を対象としています。食品製造業を対象としたものは見当たりません。読者諸兄にとっても、機械製造業を対象とする生産管理の本には違和感があるでしょうし、事例なども食品工場と余りにも違いすぎ、参考にならないように感じられていると思います。

そのような事情のためか、「食品工場向けの生産管理の本を探したが、見つからないので、（私が）以前業界誌に連載していた、生産管理の記事の別刷りを送付して欲しい」とのメールなどが時々来ます。食品系の大学などでも生産管理の講義があるところは稀です。またそのような目的に使える教科書も無いようです。食品製造業は製造業中、従事者数最大の主要な製造業ですから、生産管理の知識は間違いなく必要ですが、その為には食品製造業向けの生産管理の教科書がなければなりません。

　生産性向上には熱意が必要ですが、熱意だけでは生産性は上がりません。そこには知識が不可欠なのです。そこで本書では、食品製造業に必要な生産管理の知識と考え方、生産管理の基本的原理に、食品工場に必要な食品安全や管理会計、さらに私が関わった食品工場の多くの改善事例を加えてまとめました。

　現在の厳しい経済下で、最大の従事者数が勤務する日本の食品製造業が、今後も生き残り、さらに継続的発展を遂げるためには、生産性の向上が絶対に必要です。食品工場の生産性向上なくして、食品企業に勤務される皆さんの生活の向上もないと思います。本書をきっかけに、生産性の向上を目指す食品工場が少しでも増え、かつ効果が上がればこれにまさる幸せはありません。

2011年8月

　　　　　　　　　　　　　　　奈良の寓居にて　　　　　弘中　泰雅

CONTENTS

第2版へのまえがき ─────────────────── 1
まえがき ────────────────────────── 3

第1章 食品工場の生産性が低い理由

1 「食品工場」とは？「生産性」とは？ ─────────── 10
2 食品製造業の生産性の今 ─────────────── 11
3 なぜ、食品製造業は生産性が低いのか ────────── 16
4 技術的進歩を含む指標としての全要素生産性（TFP）─── 19
5 食品工場の生産性の実態 ─────────────── 20
6 食品製造業の事業所規模分析 ──────────── 27
7 食品製造業事業所規模の評価 ──────────── 29

第2章 食品工場における管理
広い意味での生産管理

1 生産管理 ─────────────────────── 34
2 生産管理の歴史 ──────────────────── 45
3 生産計画は食品工場生産性向上の鍵 ─────────── 48
4 工程管理 ─────────────────────── 50
5 購買管理 ─────────────────────── 53
6 食品の在庫管理 ──────────────────── 54

| 7 | 食品企業の管理会計 ———————————————————— 59
| 8 | ヒューマンマネジメント ———————————————————— 71

第3章 食品工場の生産性向上の手法
これが生産性向上の鍵

| 1 | 食品工場の生産性向上の方法論 ———————————————— 82
| 2 | 食品工場における分業化の必要性　一人完結型作業からの脱却 — 85
| 3 | 標準化・ISO9000/ISO14000/ISO22000
　　　作業標準化は食品工場の生産性向上の原点 ———————— 87
| 4 | 食品工場の5S（7S）＋1S ——————————————————— 89
| 5 | QC七つ道具　食品工場でも活用できる ————————————— 97
| 6 | QC七つ道具を利用した原因の発見例 ————————————— 98
| 7 | 食品工場における目で見る管理 ———————————————— 108
| 8 | 食品工場におけるライン化・流れ作業方式 ——————————— 111
| 9 | IEとORの食品工場での活用 ————————————————— 114
| 10 | かんばん方式とJIT ————————————————————— 116
| 11 | 食品工場における　無駄・平準化 ——————————————— 121
| 12 | あんどん方式 ———————————————————————— 122
| 13 | 食品生産のスケジュール ——————————————————— 125
| 14 | IT　食品製造業向け生産管理ソフト —————————————— 132
| 15 | 設備管理・TPMと食品工場 ————————————————— 140

第4章 キーポイントですぐできる実践事例

1. 先進的製造業と水産加工業の生産実態にはこれだけ差がある
（電子基板ラインと水産加工ライン）——————— 150
2. 一人完結作業から分業化・コンベアによるライン化へ
（中規模水産加工場）——————————————— 155
3. 作業の分業とライン化、標準化、一気通貫生産・同期化
（大規模洋生菓子工場）—————————————— 160
4. ステータスクオ　生産スケジュールの改善（小規模パン工場）— 166
5. スケジューラを導入してみる（中規模パン工場）——— 170
6. ジョンソン法（生産順序）をやってみる　こんにゃく工場 — 173
7. レイアウト・生産整流化と作業のムダ・IE ————— 177
8. 仕事量と労働力の投入を考える（大規模パン工場）—— 186
9. おみこしの理論　ライン間の仕事量の調整 ————— 190
10. 阿弥陀くじ生産はダメ ——————————————— 193
11. 生産管理ソフトによる仕事量と労働量の調整（冷凍生地工場）— 195
12. 座り作業からライン作業のその後 ————————— 200
13. すし工場の鯖の前処理 ——————————————— 204
14. 箱詰め包装仕分け作業の効率化 —————————— 206
15. 工場レイアウトの検証 ——————————————— 210
16. 工場事例のまとめ　これだけやれば生産性は向上する—— 212

コラム　『食品製造業で豊かに』——————— 148, 199, 215

あとがき ———————————————————————— 217
参考文献 ———————————————————————— 218

第 1 章

食品工場の生産性が低い理由

1 「食品工場」とは？「生産性」とは？

　日本の食糧自給率が低いことや農業の生産性が低いことは、大きな社会問題として取り上げられており国民の関心も高いけれど、その農産物や水産物を利用する食品製造業に関しては「生産性が低い」として取り上げられたことはこれまでほとんどなかった。その為に残念ながら食品製造業の生産性が他の製造業と比べて極めて低いことは、食品業界関係者ですら余り認識がなかった。しかし現在では食品製造業の生産性が低いという認識は徐々に広まり、ここにきて第2版へのまえがきにも書いたように、食品産業の所管官庁である農林水産省が農産物、加工食品の輸出競争力の付与をはじめとして食品産業の育成にも注力し始めてきた。このような機会をきっかけに食品製造業・食品工場のあり方についてもう一度考え直してみたい。

　この本では食品工場の生産管理・生産性向上について言及していくが、まずは「食品工場」という言葉の位置づけをしておきたい。工業統計表を見ると日本産業分類の大分類である製造業に、食品製造業は中分類に分類されている。さらにその小分類をみると、畜産食料品、水産食料品、野菜缶詰・果実缶詰・農産保存食料品、調味料、糖類、精穀・製粉、パン・菓子、動植物油脂、その他の食料品などの工場があげられていて、これらがまさに食品工場ということになろう。しかし、これ以外にも中分類には、飲料・たばこ・飼料製造業というのがあり、その中に清涼飲料、酒類、茶・コーヒー、たばこ、製氷の各製造業がある。さらに、化学工業という中分類には香料・ゼラチン製造業があり、これらの工場も通念に従って、食品工場として捉えられるであろう。このように食品工場とされるものは、極めて幅広い領域を含んでおり、これらの工場すべてをこの本では食品工場とする。

　新聞紙面などでは「生産性」という言葉が毎日のように紙面を賑わしているが、ではあらためて「生産性」とは如何なるものであろうか、本当に理解がされているであろうか。生産性を考える前にまず「生産」とは何であろうか。生産とは「人（労働）・設備・物（原料など）・金に情報を加え、顧客にとって有益な商品を生み出す、付加価値を高める活動」と定義されている。従って効率の良い生産とは、投入される労働、設備、原料費などの量と、生産された生産物の量の関係が良好な事であると言える。一般的に生産性という場合は、労働生産性のことを指すことが多い。従って生産性が良いということは、「投入された労働力が効率良く生産に利用されている」という事になる。そしてこの労働生産性向上は、産業に競争力を付与するので、国内の雇用確保のためにも極めて大切なのである。

食品製造業は製造業中、最大の110万人以上の従業員が従事する製造業最大の雇用の場でもある。そう考えるとこの製造業最大の雇用を守るためにも食品工場の生産性の向上は一層重要である。さらに、これには日本の伝統的食文化を守る役割もあるので、食品工場の存在意義は、雇用や経済の問題だけではなく、日本人にとってライフスタイルの維持や文化の継続というところにもある。

❷ 食品製造業の生産性の今

（1） 食品製造業の生産性

　日本生産性本部の労働生産性の国際比較2017年版によると、2016年の日本の労働生産性は834万円で就業1時間当たり付加価値は購買力平価（PPP）換算で4694円であった。これに対し製造業の労働生産性は1066万円で、日本の全産業の中で製造業は比較的高い生産性を示している。平成26年工業統計表（平成28年3月発表）を見ると、2014年の製造業の事業所数（従業員4人以上）は20万2410で、従業員数は740万3269人であり、製造業全体では6年間で96万人も減少している。製造品出荷額等は305兆1399.9億円、付加価値額は92兆2888.7億円であった。

　このうち食品製造業の2014年は、事業所数は2万7115で全製造業の13.4％を占め、従業員数は111万2433人で15.0％を占めているが、2008年にはそれぞれ12.6％、13.6％だったので何れも比率は増加している。すなわち食品製造業に従事する者の比率は8人に1人から6.7人に1人に比率が上がり、多くの人が食品製造業に従事しており食品製造業の従事者数は減少しておらず、食品製造業の生産性向上は他の製造業に比べて遅れをとっていることが分かる。しかも食品製造業は従事者数で製造業中最大であり、食品製造業の生産性向上は日本の雇用や食品製造業従事者の待遇にとって極めて重要な意味を持っている。図表1－1に食品製造業の従事者が極めて多いことを示した。

　このように日本経済に大きな位置を占める食料品製造業であるが、図表1－2に示す付加価値金額は第3位である。これを従業員数で割った一人当たり付加価値額は図表1－3に示されるように、全製造業の平均が1211万円であるにも関わらず、食品製造業の平均一人当たり付加価値額は763万円で、全製造業平均の63％しかない。日本の製造業の、2005年名目労働生産性はOECD加盟国中6位であるが、食品製造業の生産性のレベルを当てはめると、19位の韓国の生産性を下回りOECD平均にも満たない。（公財）日本生産性本部の労働生産性の国際比較2016年版によると2014年の製造業の名目労働生産性は923万円で世界第11位であった。工業統計

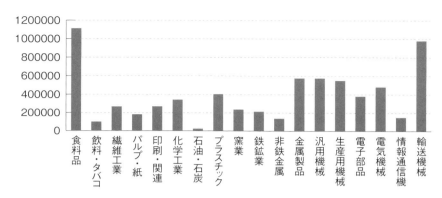

図表1－1　産業別就業者

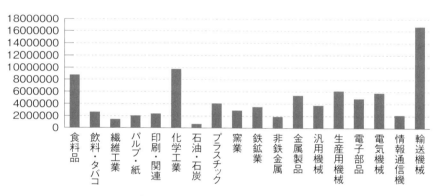

図表1－2　産業別付加価値金額（千円）

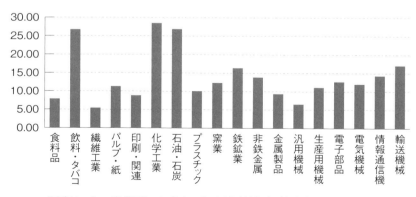

図表1－3　産業別1人当たり生産性（付加価値金額万円／人）

によると2014年の食品製造業の一人当たりの付加価値額は787.7万円であった。この年の食品製造業の生産性は製造業平均がリーマンショックの回復期で低い水準にあったために一時的に85.3％と高めであったが、今のわが国の食品製造業の生産性の実力は、中進国並みと言わざるを得ない水準であることに変りはない。

　最近廉価な農水産一次産品が世界中から輸入され、国内の農水産品の生産地を脅かしている。このような厳しい国際競争の中で食品製造業は今のままの低い生産性で、原材料の産地での現地加工にとって代わられる心配はないのだろうか、このままで将来も安泰なのか、今こそ、考えてみる必要に迫られている。

（2）食料品製造業の二極構造

　工業統計に記載される食料品製造業小分類40業種のうち、2006年には一人当たり付加価値金額が、全製造業平均の1308万円を超えている業種は、乳製品製造業1614万円、しょう油・食用アミノ酸製造業1682万円、ソース製造業1663万円、その他調味料製造業2037万円、砂糖精製業2715万円、ぶどう糖・水あめ・異性化糖製造業3247万円、精米業1372万円、精麦業1609万円、小麦粉製造業1705万円、植物油脂製造業2713万円、食用油脂加工業2649万円、でんぷん製造業1790万円の12業種だけである。

　それが2014年には全製造業平均が1247万円に低下しているにも関わらず、これを越える或は同等な食品製造業は、処理牛乳・乳飲料製造業の1818万円、乳製品製造業（処理牛乳、乳飲料を除く）の2009万円、しょう油・食用アミノ酸製造業の1186万円、ソース製造業の1222万円、その他の調味料製造業の1790万円、砂糖製造業（砂糖精製業を除く）の1249万円、砂糖精製業の3132万円、ぶどう糖・水あめ・異性化糖製造業の2235万円、精米・精麦業の1388万円、小麦粉製造業の1601万円、その他のパン・菓子製造業の1273万円、動植物油脂製造業（食用油脂加工業を除く）の1960万円、食用油脂加工業の2339万円、でんぷん製造業の2151万円に変化しているが、図表1－4をよく見ると、これらの業種の多くは大企業中心の素材型食品製造業とそれ以外は設備型のプロセス（加工）型製造業であることが分る。本書ではこれらの業種を「食品製造業高生産性業種」として区分した。そして、これ以外の残りの28業種を「食品製造業低生産業種」として区分した。

　この低生産業種には、一人当たり付加価値金額が水産練り製品製造業は2006年には645万円、2014年には680万円、パン製造業は2006年には747万円、2014年には924万円、生菓子製造業は2006年689万円、2014年649万円、麺類製造業2006年には677万円、2014年には613万円、豆腐製造業2006年517万円、2014年には548

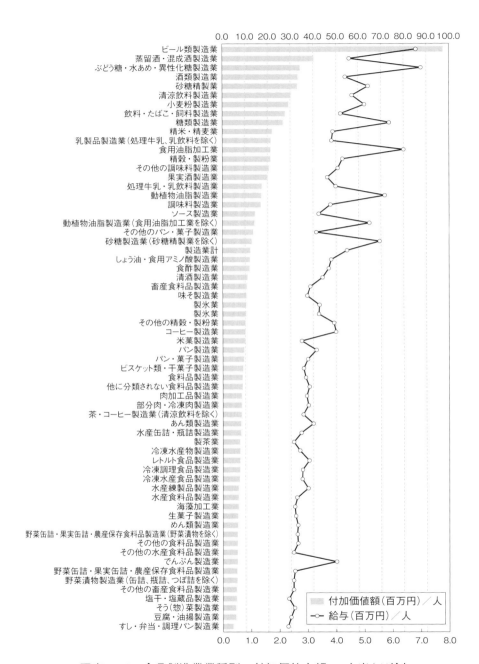

図表1－4　食品製造業業種別　付加価値金額、一人当たり給与

万円、惣菜製造業2006年は516万円、2014年には501万円のように、全製造業平均の一人当たり付加価値金額2006年1308万円、2014年は1247万円に対してその半分程度の業種が多い。そしてこれらの業種は、労働集約型のプロセス（加工）型で、日配食品製造型の中小食品製造企業が多い。このように食品製造業はその生産性において二極構造を示していると言える。低生産性食品製造業の関係者には生産性向上に一層の取り組みをしていただきたい。

高生産性業種の多くは設備型であるので、付加価値額に対して従業員数は少なく、2006年には全体の9.8％の従業員で、22.5％の付加価値を生み出していたが、反面、低生産性業種は従業員を多く投入し、90.2％の従業員で、77.5％の付加価値しか生み出していない。それが2014年には高生産性業種は7.3％の従業員で14.9％の付加価値を生み出し、92.7％の従業員で85.1％の付加価値を生み出した。2006年には食品製造業の生産性を1とすると、高生産性業種の生産性は2.30であり、低生産業種の生産性は0.86である。その生産性の乖離は2.67倍にもなっている。この生産性の差は明らかに、2つの業種群の生産実態が異なっていることを示唆している。2014年には図表1－5に示すように、食品製造業の生産性を1としたとき高生産性群は2.09で、低生産性群は0.91とその差は縮まる傾向にはあるが、それでも食品製造業の生産性を考える時には、少なくとも"高生産群"と"低生産群"の二つに分けて考えなければならない。

また、食品製造低生産性業種の生産性は全製造業平均の58.0％しかない。食品製造業の従業員の92.7％が低生産業種の従業員であるから、その従業員数は2006年の84万7137人から2014年には103万0745と増加している。これは2006年の全製造

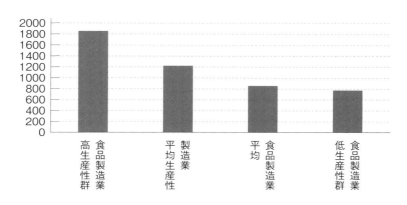

図表1－5　製造業高生産性群と低生産性群の付加価値金額（万円）

業の従業員数の10.3%だったものが2014年には13.9%の103万0745にも達し、低生産性群では増加していることが分かる。日本の製造業全従事者の13.9%を超える者が、製造業平均の半分程度の生産性でしか生産できないという現状は、人口減少の日本経済全体から看過できない問題ではなかろうか。

3 なぜ、食品製造業は生産性が低いのか

(1) 国際競争と人口増加

　食品製造業の生産性はなぜ低いのであろうか。その理由の一つは食品製造業が国際競争に晒されることなく、国内市場を対象とし、戦後からの人口の増加によって消費が右肩上がりに増加してきたからではないかと考えられる。加えて食糧管理法などの種々の法律等で、政府により保護されてきた面もある。

　つまり、人口の増加と経済の拡大にともなって、食品の消費量が自然と増えたため、その消費量拡大に応じて生産設備を導入していけば、それほど生産性を気にせずとも、利益を上げることができたからではないだろうか。

　しかし2004年をピークに、日本の人口は減少し始めた。一例として図表1-6にパンの生産量の推移を示す。人口が減少し胃袋の数が減れば、食品の消費が増加することはない。特に生産人口、若年者人口が減少することにより一人当りの消費量も減り、近年のデフレ傾向で食品の販売価格も徐々に低下しており、労働集約的な食品産業にとって、今後厳しいコスト状況が続くことは否めない。となると、何ら

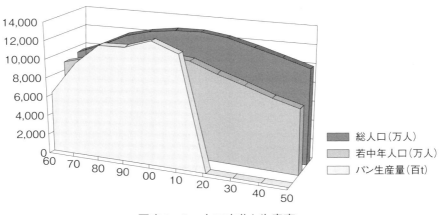

図表1-6　人口変化と生産高

かの手を打っていかないと苦しい状況を招くことになる。

（2）大企業の影響力

　日本の産業は中小企業によって、支えられていると言われている。多くの製造業の場合、大企業が最終製品を作り、中小企業がその部品を作るという構造にある。いわゆる元受と下請構造である。日本の経済を牽引してきた自動車産業や電機産業はこのような二層構造にあり、以前は系列の弊害が発生したこともある。

　しかし、最終製品を作る大企業は、厳しい国際競争に揉まれているため、戦後の早い時期から生産性の向上に取り組み、これら産業はトヨタ生産方式、TQC活動、デミング賞などを生み出した。大企業は、自らその生産性を向上する努力をしながら、勝ち残るために下請企業（協力会社）に技術や品質管理、生産性の向上を指導してきた。このことが業界全体のレベルアップにつながり、自動車産業や、電機産業の国際競争力を増強させた。

　しかしながら、食品製造業の場合は原材料の購買傾向に見られるように、小規模であっても独立した経営をしており、中小企業が系列化されることは少なかった。つまりこのことは反面、自動車、電機のように大企業の高い技術や、生産性に関する技術的影響（指導）を食品工場は受ける事が少なかったのである。このように大企業からの技術移転に恵まれなかった事が、食品製造業の生産性が低迷している、原因の一つとして考えられる。

（3）伝統的職人体質

　食品産業を除くほとんどの製造業は、明治以降に大きく発展した産業である。それに対して食品製造業は、かなり昔からあった。おそらく江戸時代には、製造業の中でも最大級のものであったであろう。そのために、食品製造業は非常に古い伝統をもち、古い暖簾を誇る企業が多く、従来からの職人体質をより多く残している。

　科学的な品質管理や生産管理には、種々の条件や情報の計量化・数値化が必要であるが、職人気質という古い体質を残す食品製造業では、経験と勘が重要視され、長い間これらの条件や情報の計量化・数値化は軽視されてきた。これが近代化を阻み、食品製造業への経営工学的発想の導入の遅れの一因になったのであろう。

（4）食品生産経営工学の欠如

　もう一つ食品製造業の低生産性の原因として無視できないのは、食品製造業領域の生産性向上に、科学的に取り組んだ研究者・実務者が、少なかったということで

ある。

　生産管理学の研究分野は、主に工学の経営工学と、経済学の経営学に属する学科の研究対象であるが、食品製造業は学問領域としては農学に属しており、経営工学の研究者で食品製造業の生産に興味を持つものが、少ないのは自然の成り行きであろう。農業経済学の領域では、食糧問題、農業・農村問題、流通が主たる研究テーマであり、食品製造業の生産性に関する研究は少ない。経済学の領域では、経済的規模の大きい自動車産業が主たる研究対象である。

　これまで経営工学は主に組立型の製造業を対象としてきた。従来の経営工学にとっては発酵・変質・変敗等の経時的変化の性状を持つ食品を取り扱うプロセス型の食品製造業は、取り組みにくい研究対象であろう。また食品製造学（農芸化学）分野の多くの研究者の興味は、専ら生物化学領域の食物、或いはその原料中の物質（例えば、酵素、遺伝子など）、もしくはその加工による成分変化（香りなど）などの研究にあり、食品工場の効率的生産を目的とする生産管理や、生産性向上を研究対象とする研究者は少ない。そのため食品工場の生産管理や生産性向上を論じた論文や書物が少ないのは当然の結果である。このようなことが原因となり、食品工場に対する生産管理学の効果的な導入が遅れた。このことも食品工場の生産性低下の原因の一つであろう。

（5）食品工場の生産性の実態

　例えばパン工場はプロセス型食品工場の中でも、比較的に機械化が進んでいる工場ではあるが、一般的な製造業と比べると、効率的な生産ができているとは言えない。例えば筆者が今まで関係した工場を例にとって見ても、食パンラインの場合、一般的に実際に生産している製造のメイクスパン*のうち、加工時間は70～90％で、段取り時間（正味の段取り時間＋アイドリングタイム〔生産設備が遊休状態になる〕）は、30～10％であった。短納期多品種少量生産の代表的なものである、菓子パン類の加工時間は60～70％、段取り時間は40～30％にも及ぶ。これは同じ労働集約型の電機製造業のライン稼働率と比べてかなり低い。

　このように食品工場の操業中の正味の加工時間（付加価値労働時間）は想像以上に短い。このようにメイクスパン*における、段取り時間が相当な割合を占める傾向は、機械化された製麺工場、菓子工場、豆腐工場、蒟蒻工場、水産練り製品工場

＊メイクスパン：スケジュールの最も早い作業開始時刻から最も遅い作業終了時刻までの時間の長さ。

など、多くの食品製造業にも当てはまる。しかし現実には工場管理者に、この長いアイドリングタイムに対する問題意識はあまりなく、実加工時間や段取り時間を、正確に把握している工場は少ない。読者で、もしも上記の数字に違和感があれば、ぜひ実測して見られることをお勧めしたい。

4 技術的進歩を含む指標としての全要素生産性（TFP）*

付加価値額を労働投入量で除した、労働者一人当たり付加価値額などで示される労働生産性に対して、広義の技術進歩を表す指標に「全要素生産性」がある。これは一人あたりの付加価値金額のように、金額で表す絶対的な指標ではなく、相対的な変化率で表される。全要素生産性は工学的な技術革新・規模の経済性・経営の革新・労働能力の伸長などの影響を受ける、「広義の技術進歩率」と見なされている。これは知恵の活用指数と考えると分かりやすいのではなかろうか。

1999年から2003年までの5年間の全要素生産性上昇率をみると、図表1－7で示すように、製造業は全産業の2倍近い上昇率を示し、技術大国日本の技術的進歩の状況がよく分かる。特に技術革新旺盛でITの利用が進んでいる電気機械では、極めて高い率を示している。

これに反し、食品製造業の全要素生産性の上昇率はマイナスで、これでは科学技術進歩は退化していると言えないまでも、少なくとも停滞していることよく分かる。一方これまで生産性が低いとされたサービス業は、2.55％、卸売・小売業は2.17％で、全産業平均1.75％をかなり上回っている。これらの数字から分かるの

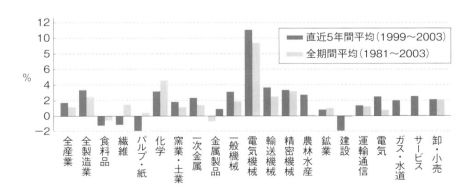

図表1－7　産業別全要素生産性

は、食品製造業では技術革新が停滞しているのに比べ、従来、生産性が低いとされていたサービス業では、近年、技術革新が起きているということであろうか。

　無論各々の企業において、生産性の向上について努力されてきたと思う。しかしながら統計上において、実際食品製造業の生産性が低いのは事実だ。そしてこの原因は、前述の通り、科学的、体系的な生産性向上活動が疎んじられてきたことが原因であろう。

　日本の国際競争力を強化し、全産業の生産性を向上するためには中小企業、わけても最大の従業員数を要する、食品製造業の生産性を向上させなければならない。

　フォードの大量生産以来、製造業の生産性はIE的手法によって向上してきた。しかし食品製造はIEを始めとして、効率的に生産するという領域を今まで軽視してきたのではなかろうか。食品工場の生産性向上はこれはこのまま放置されてはならないはずだ。

＊全要素生産性（TFP: Total Factor Productivity）：産出（付加価値など）を、労働だけでなく全ての投入要素（労働・資本）で除したもの。絶対的水準（一人あたり付加価値額等）ではなく、上昇率（変化率）であらわす。一般に広義の技術進歩を表す指標として利用される。

5 食品工場の生産性の実態

（1）製造業の生産の推移

　図表1-8はここ65年間の製造業全体の事業所数・従業員数・製品出荷額の推移である。戦後の経済の拡大に伴い、製品出荷額はいわゆるバブル期まで一貫して急速に伸びている。その後のバブルの崩壊と円高により輸出が落ち込み、輸出中心の経済である日本の製造業の出荷額は停滞した。続いてNIES諸国との価格競争、中国等の中進国への工場の海外移転により、2000年頃まで出荷額の漸減が続いた。2004年頃から、僅かにだが生産額は回復基調である。なお本図中の1994年に深い溝があるが、これは元データの94年の一部に欠損があるために生じたものである。

　1975年頃まで事業所数は増加したが、その後急速に減少している。その原因は厳しい経済状況の反映による工場の海外移転や倒産・廃業などが考えられる。1994年の事業所数の大きな変動に関しても統計上の理由である。実際2005年の事業所数はピークの事業所数に比べて3分の2になっている。最近は減少が止まりやや持ち直している。

　従業員数も製品出荷金額の伸びに伴い増加したが、製品出荷額より早く1970年

第1章　食品工場の生産性が低い理由

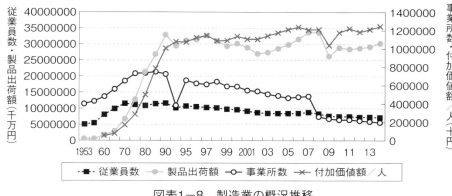

図表1－8　製造業の概況推移

頃にピークに達している。これはオイルショックや円高などの経済状況に対応するために、製品出荷金額は増えて行ったにも拘わらず、省力化などを進めてきた結果だと考えられる。

　1970年以降従業員数の増加は停滞し、1990年頃から漸減の状態である。その理由はロボットなど自動化・生産システムの導入で、工場が労働集約型から設備型に移行し効率化したためだと考えられる。その後は経済環境により、工場の海外移転とそれに伴う出荷金額の停滞、漸減により、製造業全体における従業員数はピークに比べると25％程度減少した。

　1990年に出荷額が減少に転じると、労働生産性である付加価値額／人は、その増加率が大幅に低下した。それでも1990年の1010万円／人から2008年の1210万円／人と、ここ20年で約20％は増加している。これは出荷金額の減少に対して、省人化を図り従業員数を減少させ生産性を向上させたことによる成果だと考えられる。製品出荷額にはリーマンショックの影響がはっきりと見られる。

(2) 食品製造業の生産の推移

　同様に図表1－9は同期間の食品製造業の事業所数・従業員数・製品出荷額の推移である。1994年の溝は前図表と同様統計的不備である。製造業は1990年頃のバブルの崩壊・円高と共にピークアウトしたが、国内市場を対象とする食品製造業の製品出荷額は、国際経済の影響を受けにくいためか、その後10年近く微増を続けた。

　図に示される期間、製造業の製品出荷額は景気の変動に合わせて、鋸の刃のように上下しているが、食品製造業のそれは比較的な滑らかで、食品製造業が景気の影

21

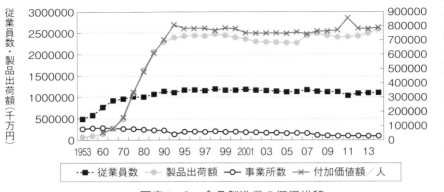

図表1-9 食品製造業の概況推移

響を受けづらいことを示している。2000年頃からデフレ経済になり、2005年から日本の人口は減少傾向になり、中若年層が減少したためも重なり、製品出荷額は減少に転じているが、近年若干回復しつつある。

食品製造業の事業所数は、戦後15年くらいでピークに達した。重化学工業に比べて設備投資も少なく、国際的な競争もなく技術的にも参入しやすかったのか、製造業全般より戦後早く工場数が増加した。その後1960年頃にはピークに達し、その後コンスタントに減少、現在の事業所数はピークに比べて3分の2くらいになっている。

大きく異なるのは従業員数である。製造業では1970年頃にピークに達し、その後漸減しているが、食品製造業は1998年頃まで増加し続けた。その後停滞微減状態であったが最近はやや増加している。事業所数は減少したにも拘わらず、従業員数は増加した。これは食品製造業の生産性が低いままであることが原因である。

雇用の面では、最近の厳しい雇用状況の中で、食品製造業が雇用を維持していることは、日本の雇用環境には貢献しているが、出荷金額の減少した時も雇用が減らず、生産性が低下していったことは国際的な産業競争力の面では問題である。

製造業は出荷額の低下に対して、従業員数の減少によりその生産性を微増させてきたが、食品製造業では出荷金額が減少しているにも関わらず、従業員数はほとんど変化がなく、その為に付加価値額／人はピークの1994年の804万円に比べて、最近は約750万円付近に停滞しており約7％減少している。従って、製造業全体では約20％の生産性の向上があるにも拘わらず、食品製造業では約7％も生産性が低下している。これは統計上の分類が原因である可能性もあるが、食品製造業の生産性

は製造業中最も低いものであり、その上生産性向上が低下している現実に対して、食品製造業界として問題意識を持ち、生産性の回復と向上に努めなければならない。製造業にはリーマンショックの影響がはっきりと盛られるが食品製造業にはみられない。しかし東北東日本大震災は大きな影響を食品製造業に与えている。

(3) 食品製造業小分類の分析

　製造業の従業員数は減少しているにも関わらず、食品製造業の従業員数は減少していない。そこで食品製造業の小分類別に従業員数を確かめると、この間従業員数が大きく増加しているのはその他食料品だけで、現在も明らかに増加をしている。この他に畜産食品の従業員数は微増を続けている。これは水産食品が減少するなど食生活の欧米化の影響であろうか。パン菓子製造や水産製造が減少しているにも関わらず、食品製造業の従業員数が減少しない最大の原因はその他の食料品の従業員増が原因であるのは明らかである。

　食品製造業全体の付加価値額が減少している中で最近増加傾向にあるのは図表1−11に見られるようにその他の食料品とパン・菓子製造業である。したがってこれらの小分類については付加価値額も大きく食品製造業の生産性を語る上で着目し

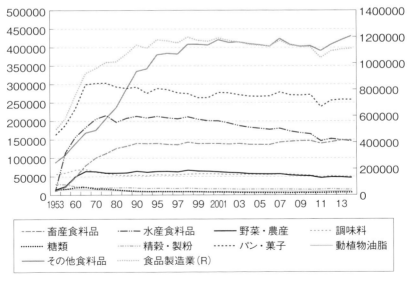

図表1−10　食品製造業業種別従業員数推移

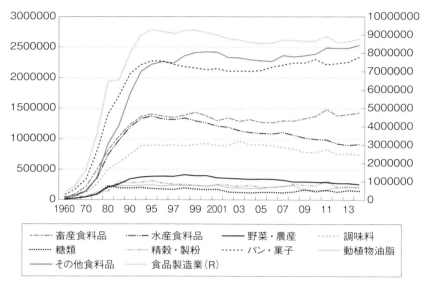

図表1−11　食品製造業業種別付加価値額推移

なければならない。図表1−12ではその他の食料品の生産性向上は低迷しているが、パン・菓子製造業の生産性は近年向上しているように見える。

　図表1−13にパン・菓子製造業業種別生産性推移を示した。パン・菓子製造業の中で目をひくのはパン製造業である。2000年頃には食品製造業の平均よりも一人当たりの年間の付加価値額が70万円程度も低い状態であったが、現在は140万円程度上回っている。なぜパン製造業が長期にわたり生産性の向上傾向にあるのかその原因を分析して他の食品製造業に応用し、他の食品製造業の生産性向上を図っていくべきであろう。同様に米菓も生産性が向上している。その原因は何であろうか、解析の必要を感じる。反対に生菓子は長期にわたり生産低下が続いている。これは職人的な作業が多い作業構造であることが一因であると思うが、職場の古い組織構造が影響を与えているとも考えられる。パン・菓子製造の中で生菓子製造がもっとも低い生産性であるので、このパン・菓子製造領域の生産性を向上するには生菓子製造の生産性を向上させることが必須である。

　図表1−14にその他食品製造業生産性推移を示した。でんぷん製造業は生産性が他の製造業に比べて著しく高いので、図表を見易くするためにこの図表からは除いた。この図中で目に付くのは2007年に他に分類できない食料品の年・人の生産性

第1章　食品工場の生産性が低い理由

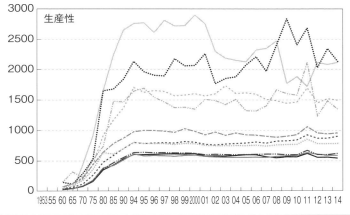

図表1−12　食品製造業業種別生産性推移

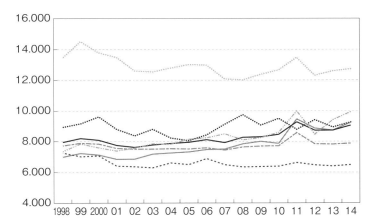

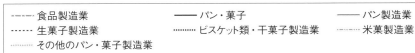

図表1−13　パン・菓子製造業業種別生産性推移

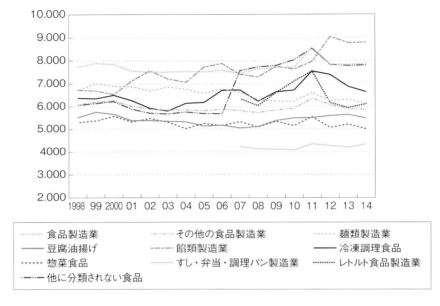

図表1-14　その他食品製造業生産性推移

が600万円程度から750万程度に増加したことである。その原因は他に分類されない食品からレトルト食品と弁当類が分離されたからである。レトルト食品は以前の他に分類されない食品とほぼ同等の生産性であり、これが分離されたために他に分類されない食品の生産性が上昇したとは考えられない。このように考えるとこの変化は弁当類が分離されたことにより起きたのである。弁当類の人・年の付加価値額は400万円しかなく、これがその他の食品製造業の生産性を低迷させてきたのは間違いない。

　しかも弁当等の製造業の従業員数は食品製造業全体の従業員数の10%以上の従業員が所属しており、これが弁当等の製造業が食品製造業の生産性を低迷させている最大の原因だといっても過言ではない。このように考えると弁当等の製造業の生産性を向上させることが食品製造業の生産性を向上させることに直結する。現時点で弁当等の生産状況はまさに人海戦術で人手で作業されている。多くの人手を必要とする現実はあるが、その中でも例えば箸置きや表面のフィルム敷きなどの単純作業は作業ロボットなどに置き換えることも可能であろうし、弁当は多くの具材を入れることから欠品防止の点検などにも人手を要している。これも最近の画像解析の

技術を使えば省人化も可能になるであろう。弁当等の製造業だけでなく、周辺のサポート産業の協力も頂いて生産性の向上を図っていきたいものだ。このように食品製造業の生産性低迷の原因を分析して、しっかりした対策を講じなければ食品製造業の生産性は向上しないのである。

6 食品製造業の事業所規模分析

　食品製造業と他の製造業との違いを検討するため、従業員数規模別の事業所数構成比を図表1－15に示した。食品製造業の従業員数4～9人の事業所数は、全事業所数の35.3％になり、零細企業比率はたしかに高い。そしてそれゆえに食品製造業は生産性が低いと一般に言われてきた。しかし食品製造業の従業員数4～9人の、零細企業事業所の構成比は、製造業平均や一般機械器具製造業より低く、従業員数規模による工場分布は、一般機械器具、電気機器製造業と同程度で、製造業の事業所規模分布と同傾向であった。つまり、事業所構成比率に関して言えば、食品製造業の零細・小企業の占める比率が、他の製造業に比べて特に多いわけではないのである。

　工場従業員規模区分で従業員数構成比率を表した図表1－16を見ると、食品製造業は49人以下の零細・小規模工場の従事者比率は、特に他産業と比べて多くない。特徴的なのは、従業員数50～499人の中規模工場に、従事者の56％が集中していること、1000人超の大規模工場の就業者が、著しく少ないということである。

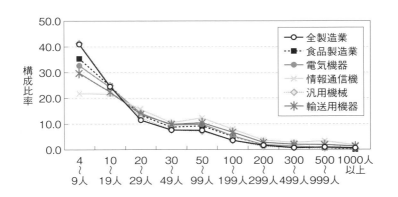

図表1－15　従業員数規模別の事業所数構成比

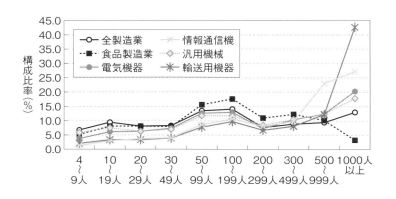

図表1−16　業種別工場規模別従業員数比率

　これを見ると「食品製造業は小零細企業が多く、これが生産性を低下させている」という定説は少し違うのではないかと思える。すなわち食品工場の従業員規模の特徴は、他製造業と比べ中規模工場での就業者が多く、大規模工場が少ないために大工場の従事者が極めて少ないのである。

　確かに9人以下の零細工場数は、全工場数の41.8％もある。しかも図表1−17にあるように従業員規模による食品製造業の生産性は、小規模であるほど低く、大規模であるほど高くなる傾向にはある。ただし従業員1000人以上の大工場の生産性はなぜか低下している。従業員規模の小さい事業所の生産性は確かに低いが、9人以下の零細工場の従業員数は、従事者構成比から見れば5.4％しかなく、この区分の生産性が多少向上しても、従事者が少ないために食品製造業全体への影響は少なく、食品製造業の生産性が大幅に向上することは期待できない。

　従業員の過半が集中している、従事者数50〜499人の工場の生産性が上がらない限り、食品製造業の一人当たりの付加価値額である、労働生産性は向上しないことは明らかである。従って食品工場は零細・小企業の工場が多いから生産性が低いとの理由で、この規模の企業に重点をおいた生産性向上の施策が行なわれていたならば、それは食品製造業の生産性向上に余り効果がなかった可能性がある。食品製造業の生産性向上には中規模工場の生産性向上が重要であることを認識しなければならない。

第1章　食品工場の生産性が低い理由

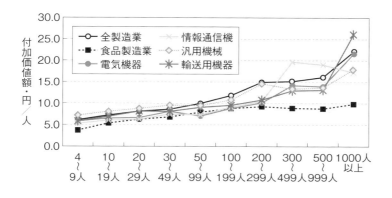

図表1－17　業種別従業員規模による生産性

7 食品製造業事業所規模の評価

（1）中規模食品工場の特異性

　食品製造業においては、図表1－18のように工場出荷額比率は、従業員数50～499人の中規模工場に集中（62.8％）し、付加価値金額においても、同様に中規模工場に集中（62.7％）している。食品製造業では、この規模の工場が経済的に最も重要であることが分かる。

　もう一つの特徴は原材料使用額にある。図表1－19に示す原材料使用額比率と、図表1－16の従業員数のパターンは似ており、中規模工場に集中している。これに対して全製造業平均、電機機器製造業、情報通信機器製造業の原材料構成比は、1000人以上の工場に集中している。食品製造業の従業員構成比と、原材料使用量構成比のパターンはよく似ているが、従業員数49人以下の小規模工場では、原材料構成比のほうが小さい。食品製造業以外の多くの製造業は、加工賃収入の比率が食品製造業の2倍以上で、大企業もしくは元受企業が原材料を購入する割合が高い。これらの中小企業は支給原材料を使用しての、加工賃仕事の比率が高いことになる。これに対し食品製造業は従業員49人以下の工場を除き、加工賃収入比率が低く賃加工仕事は少なく、独自に原材料を購買して生産をしている。これらから食品製造業の中小企業は、大企業からの独立性が高く経営されている事が推察される。

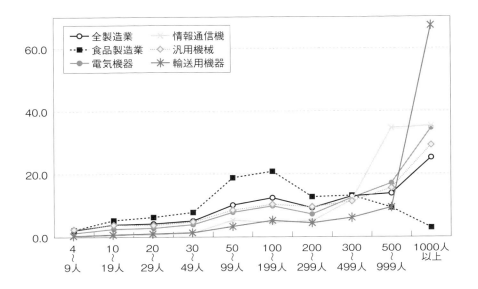

図表1-18　業種別工場規模別出荷額比

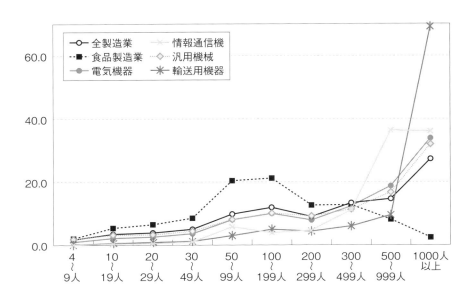

図表1-19　業種別工場規模別原材料使用額比率

第 1 章　食品工場の生産性が低い理由

（2）食品製造業の工場規模別生産性の特徴

　これまで食品製造業は零細企業や小企業が多く、企業規模が小さいために、生産性が低いと誤解されてきた。しかし食品工場の構成比だけが、小規模に偏っているのではない。従って食品製造業の企業規模が小さいために、生産性が低いわけではない事は明らかである。しかも工場規模別の生産性を比較した図表1－17に示されるように、食品工場の付加価値額／人は従業員数99人以下の工場においては、電気機器製造業、情報通信機器製造業と比べても著しく低いとは言えない。しかし食品製造業の工場規模拡大効果による、食品製造業の生産性向上は他の製造業より遥かに低いのだ。

　従業員規模区分ごとに、製造業の付加価値金額／人を100とした時の、食品製造業の比率を他の産業と共に図表1－20に示した。この図から分るのは、食品製造業と他の製造業の付加価値金額／人の差が開くのは、従業員数200人以上規模の工場においてである。食品製造業の付加価値金額／人は、製造業平均の約60％しかないことは既に述べたが、そのため食品製造業の付加価値金額／人を、製造業並みに上げるためには、理論の上では食品製造業の平均生産性である、付加価値金額／人の

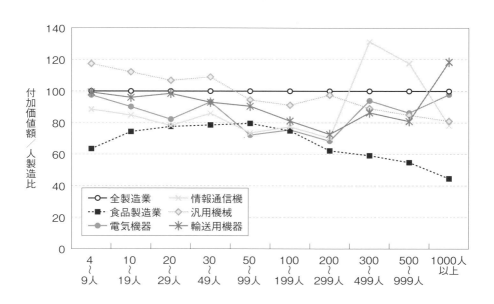

　　図表1－20　製造業の付加価値金額／人を100とした時の業種別工場規模別の比率

製造業対比60％以下の区分を向上させることができれば、乖離は縮小することになる。

　この図から分るように、他の製造業の生産性に対して、60％以下は200～299人、300～499人、500～999人、1000人以上の中大規模工場である。これまで食品製造業の生産性が低い原因と言われてきた規模より、遥かに規模の大きな工場が、食品製造業の生産性を低下させていることになる。工場規模の大きい区分の生産性が、他の製造業に対して相対的に低く、認識を新たにしなければならない。即ち食品製造業の付加価値金額／人において工場規模別に比較してみると、生産性が低く対製造業生産性との乖離が大きいのは零細・小工場ではなく、200人以上の中大規模工場であるから、他製造業との乖離を小さくするには、中・大規模工場の生産性を向上しなければならないのだ。

　食品製造業の零細小工場と同規模の情報通信機器の生産性は、全製造業の60～80％である。情報機器産業は、零細・小工場の生産性は低いが、規模が大きくなると生産性が増大する。しかしながら、食品工場は規模拡大効果が少なく、付加価値／人の工場規模による増大が少ない。その結果従業員規模増大に伴い、対全製造業生産性との乖離が大きくなる。従って食品製造業の生産性向上については、零細小企業ではなく、人的構成比の大きい中規模工場と、他の製造業と比べて相対的に低生産性である、大規模工場の生産性向上が重要になる。しかし従業員の構成比率から見て、中でも特に従業員構成比率の高い中規模工場を重視しなければならないのである。

第 2 章

食品工場における管理
広い意味での生産管理

物事や組織を良い状態に保つためには、管理が必要であることは万人が認めるところであろう。食品工場の組織を運営するにも、種々の管理が必要であることは当然だとも言える。はじめに述べたように、それらの管理とは、生産計画管理、工程管理、作業管理、購買・外注管理、在庫管理、品質管理、原価管理、工場計画、設備管理、安全・環境管理、組織管理などが含まれる。この章では広い意味での生産管理における、食品工場に必要な管理の主だったものを説明する。従って、本章の第一節に取り上げた生産管理は、一義的な意味での生産管理であり、製品計画、全般的生産計画、生産プロセス計画、生産スケジューリング、生産実施、生産統制など生産そのものの管理である。

1 生産管理

　食品工場に限らず、工場では一般に製品を生産する。まず生産とは何か？生産とは一般に「人（労働）、設備、物（原材料など）、金に情報を加えて、顧客にとって有益な商品を生み出す、付加価値を高める活動」と定義される。このように生産とは、ただ物を作ればよいというものではない、顧客にとっての価値と同時に、生産活動を通じて企業存続の原資となる利益も得なければならない。

（1）生産管理とは

　「生産管理」は生産の場における管理であるから、生産をマネジメントする、或いはコントロールするという意味合いである。当然、顧客あって生産が可能になることから、生産の活動においては、自分の都合だけでは生産できないし、様々な環境や状況変化などや予期できない事態も発生する。生産管理を適切に行うこととは、環境や状況の変化に対して、生産に必要な要素である、Man（人）、Material（材料）、Method（方法）、Machine（機械装置）、Measure（測定）、Jig（冶具）、Parts（部品）などの、生産要素（5 M 1 JP）の投入を、合理的に計画実行することによって、以下の事業の目的を達成することである。

　もちろん活動は必ずしも、計画どおりに進行するとは限らない。そのため生産管理においても、実行にあたっては、計画（Plan）を実行（Do）し、チェック（Check）し、アクション（Action）をする必要がある。これが典型的なマネジメントサイクルの1つである、PDCAサイクルと呼ばれるもので、生産活動を効率的に、確実に継続的に実施するための、基本の管理手法である。従って生産管理とは生産を効率的に実行するための、PDCAサイクルを回すための、方法論の管理技術

であるとも言える。工場経営においては、絶え間ない生産管理の計画・実効・点検・改善の、繰り返しこそが必要になるのである。食品工場においても、当然であり同様である。

(2) 生産管理の目的

事業には、P（Profit、利益）、Q（Quality、品質）、C（Cost、経費）、D（Delivery、配送）、S（Safety、安全）、E（Environment、環境）、M（Man、人）等の、目的（P・QCDSEM）の達成が必要である。工場における管理である、生産管理においても、これらは必須な目的である。生産の効率化を図るには、、特に品質（Quality）、コスト（Cost）、配送（Delivery）三つが重要である。これらは三大管理特性とも呼ばれる。当然、生産管理はこれらの特性を対象としているが、分けても生産管理の本質は、時間との戦いとも言える。そのために生産管理は狭義にはDeliveryを対象とし、生産管理には時間的に次のレベルがある。

①戦略レベル（年単位の期間の事業管理）
②戦術レベル（月や週を単位とした生産計画）
③業務レベル（日、時間単位の実際の製造着手時間、順序の決定など）

このように企業競争力の観点において、重要な点は「時間競争」であると言える。グローバル化した国際経済の中で、マーケットの大きな変化に対して、開発、製造、販売などの活動を、如何にタイムリーに行えるかが、企業の能力として極めて重要である。

(3) 食品工場の様々な生産形態

製造業において生産を行なうのは工場であるが、一口で工場といっても工場は様々である。規模によって大工場もあれば小工場もある。労働形態の観点では、人海戦術で生産をする労働集約型と、大規模な装置を使用し少人数で生産する設備型の工場がある。もちろんそれらは単純に分けることは難しく、中間的な工場もあれば、両方の特徴を持った工場もある。

生産形態という見方では単一操作的な仕事が、弱いゴムひも（工程の関連が弱い）で結ばれたジョブショップ生産の工場と、連続したラインなどで工程が（ゴムひもで）強く結合されている、フローショップ生産の工場がある。また最近ではセル生産＊という生産形態の工場もある。もちろん、パン工場、菓子工場、豆腐工場、麺工場、缶詰工場、塩干工場、水産練製品工場……などなど、生産品目による区分もある。

このような捉え方をすると多くの生産形態がある。食品工場の生産性が向上しない原因の一つに、生産形態の違いに対する理解の欠如がある。生産管理を効果的に行なうには、対象の工場がどのような工場なのかを知ることが第一歩である。食品製造業を一括りにしたり、食品工場を一括りにしたりして、生産を論じている例が生産管理本の中にも多い。食品製造業は製品が食品という共通点だけで、分類されているに過ぎない。それぞれの食品工場は、様々な食品を製造し、その製造形態も様々である。

　従って食品工場を一括りにして、生産性の向上について考えてはいけない。生産管理の方法や手法は生産形態によって異なるのである。しかし、生産形態といっても、捉え方により、分類の仕方も様々である。以下に代表的な生産形態について、対応する生産形態を対比的に説明した。もちろんその中間的、あるいは部門により混在した工場もある。食品工場の生産性向上に取り組む場合は、それぞれの生産形態について理解した上で実施していただきたい。

Ⅰ．組立型生産とプロセス型生産

　小さな流れが集まって小さな川となり、これがまとまって大きな川となるように、組立生産は多数の部品を組み合わせて半組立品を作り、これらを階層的にいくつも組み合わせて最終製品になる。このような生産を行う物には、自動車、家電、造船、工作機械などの機械やコンピュータなどがある。ほとんどの材料としての部品は物理的に組立られ、組立により材料（部品）の形状・性状は変化しない。食品工場においても、生産の後工程で、例えば、クッキーやあられなどの詰め合わせを作る作業や、でき上がった食材を弁当箱に詰め合わせる作業等は、組立生産の形態に近いと言える。

　他方、プロセス生産とは、原材料に対して化学的・物理的処理を行って、様々な製品を生産する工程である。投入された材料の形状、性状は生産により大きく変わる事が多い。この生産では連続的な加工・処理（Process）が行われるため、プロセス生産と呼ばれる。食品製造業ではこれに属するものが極めて多い。例えば小麦粉を主原料とするパンやケーキは原料の形状や性状が、まったく変わって製品になる。魚を原料とする蒲鉾、果実を原料とするジャムなど、多数の食品生産はこの生産方法にて行われる。機械工場などの組立生産を対象に書かれた、製番システムな

＊セル生産：グループテクノロジーを用いた生産方式、部品の類似性によりグループ化すると、機械全体の一部から構成された機械グループにより生産できる。そのようなグループでセルを構成すると、部品の運搬の手間や時間が省かれ、仕掛量は減少して、生産リードタイムは減少する。

どを解説した生産管理の本に対して、食品製造業の読者の多くがあまり参考にならないと感じるのはこのためである。

Ⅱ．フローショップ生産とジョブショップ生産

フローショップ生産とは、全ての仕事（ジョブ）について、機械設備などを使用する順番が、同一もしくはそれに近い生産工程をいう。典型的な工場はすべての製品が同一な加工順序に生産されるが、一部の生産設備が多少異なる場合も、フローショップ生産と見なされる。製品を完成させるのに必要な工程を、技術的な順序に配置したものをラインと呼ぶ。フローショップ生産ではラインと呼ばれる、一連の設備で生産される事が多い。それぞれの機械設備の間は、一般的にコンベアなどで連結されている。規模の大きな飲料工場、水産練製品工場、パン工場、豆腐工場、製麺工場などの、ほとんどはこの生産方法で生産されている。

これに対して機械設備の利用順序が異なる、多数の仕事（ジョブ）を対象として、加工を行う生産形態をジョブショップという。加工対象によって加工順序が異なるために、フローショップのような生産設備の配列は行われない。受注により様々な機械を生産する機械工場は、ジョブショップ工場の典型である。食品工場では、香料や食品添加物、佃煮工場など、比較的少量で多品種の製品を、その都度バッチ*で生産する工場などが見られる。

Ⅲ．装置型と労働集約型

装置型製造業とは資本集約的で、労働者一人当たりの固定資本額（労働装備率）の高い産業を言い、重化学工業などが典型である。食品製造業では大資本の食用油脂工場、製粉工場、精米工場、飲料工場などがある。食品製造業の生産性は全体的に低いが、装置型の食品製造業の労働生産性は製造業平均よりかなり高く、生産性は優れており高生産性業種である。

労働集約型製造業とは人的労働の投入率が、他の生産要素に比べて高い製造業をいう。季節変動の大きい製品などは大きな設備投資をしても、設備稼働率が低く投入資金の回収ができないし、高度な設備には大きな資本が必要になるので、人的労働力に頼らざるをえない。電機製造業なども多くの作業者を必要とする労働集約型な側面がある。そのため円高による日本国内の相対的な賃金上昇を避けて、中国などの海外に多くの工場が移転された。多くの食品製造業はこの労働集約型の範疇に属する。この生産形態の生産効率が良くないことが、食品製造業の生産性が低い原因である。人的労働力を効果的に活用して、如何に生産性を上げるかが今後の食品

＊バッチ：何らかの目的により、ひとまとまりにされた有形物のグループ。

製造業の課題である。

Ⅳ．受注生産と見込み生産

　原則的には、製品仕様を顧客あるいは生産者が決定するかによって、受注生産か見込み生産かに分かれる。例えば、大型船舶、特殊な工作機械、大型発電機、大型自動車、航空機、原子炉、自動倉庫、誂えの洋服などは、顧客からの受注によって生産される典型であろう。

　これに対して、食料品、衣料品のような日用品などの消費財、電化製品、カメラなどの耐久消費財は見込み生産される。当然、受注生産の場合はリードタイムや納期が重要になるが、見込み生産においては過不足が生じないように、需要予測・生産計画が収益のポイントとなる。

　コンピュータなどの生産に見られるように、顧客の発注仕様の製品を半製品から短納期で作る、受注生産と見込み生産の間のような生産形態もある。モジュール生産あるいは、部品中心生産とも呼ばれる。

　食品においては麺類やパンなど日配食品は、形式的には受注生産の形を取っているが、コンビニエンスストアや量販店では売れ行きをみながら発注するために、受注時間が遅くなる傾向にある。加えてコンビニエンスストア本部や量販店との力関係もあり、実際には生産開始時点では、見込みで生産を開始しなければならないのが実情である。これが食品工場の生産活動を煩雑にし、欠品やロスの発生、生産性を低下させている原因の一つにもなっている。

Ⅴ．個別生産、ロット生産、連続生産

　生産がどのような単位で行われるかの分類である。従って生産指示の仕方の分類であるとも言える。個別生産では少量の製品を受注により生産し、製品の製造に必要な部品、材料が一括して管理される。食品では受注による個別生産の、ウエディングケーキがその典型である。

　ロット生産は本質的には個別生産と同じで、注文に対して行なわれるが、注文の量がまとまったとき行われる。食品工場では結婚式の引き出物など、特別な仕様の製品を製造する場合などがある。機械の生産などでは、製品もしくは製品ロットに対して、材料・部品がひも付き（関連付けられる）にされるが、食品工場では共用材料が多いため、あまりひも付きの生産は行われない。

　同一製品のロット生産指示が次々と出されると、個別生産やロット生産による管理は不合理になる。そのために注文ごとのひも付きはせず、ある期間に対する生産をまとめて行う。このような生産を連続生産と呼ぶ。連続生産は組立生産にもプロセス生産においても行われる。連続生産の場合は、部品や材料はひも付きにならな

い。

Ⅵ. 多品種少量生産と中品種中量生産

　市場の要求によりほとんどの製造業では、多品種生産を余儀なくされている。食品製造においても同様である。多品種少量生産と中品種中量生産は感覚的なものである。多様化の程度をどのように捉えるかによって異なる。実際、筆者の実感では1日に300品目生産する工場も、10品目生産する工場も、ほとんどの工場で当事者は自分の工場は、多品種生産工場であると思っている。

　多品種ということで問題になるのは現実的には、どの程度同一設備で生産できるか、あるいは加工（設備）順序の融通性などがあるかである。なぜなら品種の多様性は、生産設備の形態に影響するからである。即ち、もっとも製品が多様化している工場では、それに対応するためにジョブショップが利用される。それ以外の製品に共通性がある工場では、ライン生産等で生産される。生産の形態は生産スケジュールにも影響を与える。

	生産パターン（形態）	内容
①	組み立て型	自動車の組立のように、多くの部品やアセンブリーを経て単一の完成品になる。部品の性状は変化しない
	プロセス型	使用される材料の性状や形状が変化して製品になる
②	集約型生産	自動車の組立のように、多くの部品やアセンブリーを経て単一の完成品になる
	展開型生産	石油化学製品など単一の原料である原油（ナフサ）から多数の完成品に至る
③	ジョブショップ生産	機械設備の利用順序が異なる、多数の仕事（ジョブ）を対象として、加工を行う生産形態を
	フローショップ生産	機械設備などの使用する順番が、同一もしくはそれに近い生産工程で生産する形態
④	装置型	労働者一人当たりの労働装備率の高い産業を言い、重化学工業などが典型である。
	労働集約型	人的労働の投入率が、他の生産要素に比べて高い製造業
⑤	受注生産	受注により生産が開始される生産形態
	見込み生産	大量生産され生産に長時間要するもの
⑥	反復型生産	設計・製造条件が同じで、同じ製品を繰り返し作る。
	1品料理型生産	設計・製造条件をその都度作るもの
⑦	プッシュ生産	会社からの指令によって作る
	プル生産	顧客からの受注が生産の切欠になる

図表2-1　生産管理から見た生産パターン（形態）

Ⅶ. プッシュ生産とプル生産

　プッシュ生産とは、予め定められたスケジュールに従って生産する管理方式である。押し出し方式とも呼ばれる。会社からの指示に従い、生産能力の使用が許される管理方式である、そのため管理部門が購買、生産、配送、在庫状況などを集中して管理する。大量に生産する場合は、MRPなどの大掛かりな生産情報システムが必要になる。

　プル生産方式とは後工程から引き取られた量を、補充するためだけ生産する管理方式で、後工程引き取り方式、または引張方式とも呼ばれる。消費された量だけ補充する分だけ、生産能力の使用が許可される。生産・配送、在庫情報を集中する必要がない。かんばん方式は一例である。見込みにより生産しないため、過剰在庫の危険がないが、取引量や品種などが大きく変動する場合は、工程間に大量の在庫が必要になり、有効ではない。

Ⅷ. BOM（Bill of Material：部品構成表）

　食品関連では馴染みが薄いが、生産の形態をBOM（ボムと読む）で考えてみるのも面白い。BOMとは部品表のことであり、製品を構成する部品を示したものである。最近は製品の構成だけでなく、製造情報を載せたものもBOMと呼ぶようになってきている。これは製造BOM或いはM-BOMと呼ばれる。

BOMの種類	生産形態	食品製造業での業種
「A型」BOM	部品（加工材料）を組み合わせて作る自動車や電機産業型、いわゆる組立産業型	弁当やサンドイッチなど
「I型」BOM	鉄鋼業型	例えば、種から菜種油を搾油するようなシンプルで直線的な加工。牛乳、清酒などもこれに近い。材料と製品が1対1
「V型」BOM	単一の原料から多くの製品を作る産業。原油から多くの石油製品を作るのは典型的	大規模な植物油脂工場がこれに近い
「T型」BOM	プラスチック、ガラス産業など原材料を合わせて生地を作り、同一の生地からいろいろな製品を作る	パン、菓子、かまぼこ、麺など
「X型」BOM	化学工場タイプ	例えば、大豆から作った豆乳と凝固材を反応させると、豆腐とおからができる

図表2-2　BOMの種類

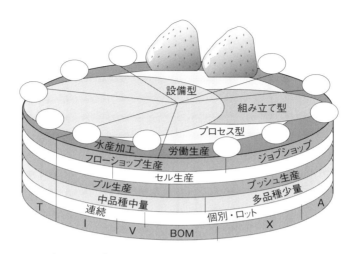

図表2-3　食品工場の生産形態の分類は切り方で様々

　BOMの形から製造形態が推測できるのである。BOMの形をアルファベットに見立てて生産の形態をとらえる。工程が下から上に進むと考えると、例えば「A型」BOMとは、これは部品（加工材料）を組み合わせて作る、自動車や電機産業型、弁当やサンドイッチなど、いわゆる組み立て産業型であり、そのBOMの形はAに似る。「I型」BOMとは、鉄鋼業型、例えば菜種から菜種油を搾油するような、シンプルな一直線的な加工、牛乳、清酒などもこれに近い。材料と製品が1対1である。「V型」BOMとは、これは単一の原料から多くの製品を作る、例えば、原油から多くの石油製品を作るというのが典型であろう。大規模な植物油脂工場もこれに近い。「T型」BOMとは、プラスチック、ガラス産業などがある。原材料をまとめて生地を作り、同一の生地からいろいろな製品を作る、パン、菓子、蒲鉾、麺などはこれにあたる。「X型」BOMとは、化学工場タイプ、大豆から作った豆乳と凝固材を反応させると豆腐とおからができる。

　このように一口に食品工場といっても色々な生産形態がある。しかも全ての工場がこれらにぴったりと当てはまるとは限らないし、同じ工場の製品でも色々なタイプが共存する場合や、中間的なものもあるだろう。食品工場の生産性を考えるにあたって、「食品工場の生産性は…」などと、食品工場を一括りに取り組んでもうまくいかない。食品工場には種々の生産形態があり、その生産形態を理解しなければ、生産性を向上させることは難しい。夫々の工場がどのタイプの生産形態なのか

まず見極め、工場のタイプにより生産性向上の方法を考えていくべきであろう。

　食品工場の生産性向上には、どの工場でも通じる伝家の宝刀はない。読者が工場の生産性向上に取り組む場合、一括りで食品工場を認識して生産管理に取り組んではならない。図表2-3のケーキの様に、一口で食品工場といっても、そのカットの仕方でいろいろな生産形態を含む。対象の工場がどのような工場なのかを見極め、その工場の生産形態にあった生産管理を行なわなければならない。

（4）生産性とは

　生産性とは、1章でも述べたように、投入量に対する産出量との比のことである。通常、分子に生産量、生産金額または、付加価値が用いられ、分母には労働量、投下資本、設備、原材料などを用いる。生産性＝産出量（output）／投入量（input）になる。従って、効率よく生産するとは、「労働、設備、原材料（生産リソース）などの投入量と、作り出される生産物の産出量の効率が良いこと」である。付加価値とは売上高から、材料や部品などの外部購入費を引いたものが粗付加価値であり、これから設備費を引いたものが純付加価値と呼ばれる。一般的に生産性と呼ばれるのは、投入した労働量の効率を示す、労働生産性のことを言う場合が多い。労働生産性が良いとは、投入された労働量が効率よく、生産に利用されている状態をさしている。

（5）食品製造業の生産性向上の方法

　生産性が高いとは、今までに述べたように、一定の投入した労働量で如何に生産量・スループット*を上げるか、或いは少ない投入労働量で一定の生産量・スループットを行うかということである。そのような生産性の向上には、いくつかの方法がある。組立型産業ではリードタイム短縮が重要であるが、食品製造業ではメイクスパンの短縮が重要となる。

①現状の条件のまま最適な方策を考える方法

　製造リードタイム*はそのままで、新たな生産設備なども増強せず、生産順序など最適スケジューリングにより、メイクスパンを最小化する方法でスループットを増加し、ステータスクオ*と呼ばれている。この考え方は食品工場では生産性向上の鍵となる。

②条件そのものを革新する方法

　段取り作業改善、自動化設備の導入、冶具の開発により、生産条件そのものを革新して、作業・段取り時間を短縮し、革新的に生産量を増加させるブレークス

ルー*である。

③改善*

日常的にＰＤＣＡサイクルを回しながら、製造条件を変更し生産性を向上する方法である。現実を観察し問題を発見して、対策を繰り返すことで生産性を上げていく、この方法は改善と呼ばれ、わが国で生まれた概念である。ジャストインタイム（ＪＩＴ）*に代表され「ＫＡＩＺＥＮ」という言葉で世界に広まっている。生産を取り巻く環境は常に変化にさらされている。高額な設備投資を伴うブークスルーを行っても、しばらくすれば機能の低下をきたす、従って機能を維持向上するためには、全ての工場で改善は必須である。

（６）作業のやり方

即効的に生産性を上げるには、作業そのものを効率よく行うことと、作業に伴うムダを削減することに尽きる。作業そのものの効率を上げるために、具体的には①やりやすい作業、②ムダな動きの排除した合理的な作業、③機械や部品などの配置を工夫し動きを少なくする、④作業に集中できる環境、⑤疲れにくい作業速度と姿勢、⑥機械の操作などを習熟して手早く行う、⑦教育訓練を行い作業者の能力を向上する、などがある。

作業に伴うムダを削減するには、具体的には、①無駄な移動を少なくする、②運搬を少なくする、③手待ちが生じないような生産計画を立てる、④手空きが生じないように、作業量と労働量のバランスを取る、⑤作業量の変化が、少なくなるように整流化を図る、⑥多能工化を図り、工程毎の作業量の変化に対応できるようにする、⑦ムダが見えるように「見える化」する、などについて見直し、改善を図ることが有効である。このように作業の一つ一つのやり方が、生産性に影響を及ぼす。小さな動作一つも疎かにせず、取り組んでいかなければ、生産性は向上しない。

---

*スループット（Throughput）：売価から資材費だけを引いたもので、貢献利益と呼ばれる。
*リードタイム：①調達時間（発注してから納入されるまでの時間）②生産所要時間（素材準備から完成品になるまでの時間）。
*ステータスクオ（Status Quo）：現状（維持）体制のこと。設備などの増強を行わず、リソース（生産資源）はそのままで、生産順などスケジューリングで生産性を上げる。狭義の生産管理の本質。
*ブレークスルー（Breakthrough）：躍進、突破。生産や管理のやり方を革新するために自動化やＩＴ導入など大きな投資を行うなどの意味合いが強い。
*改善（KAIZEN）：英語のImprovementでは表現できないためKAIZENが国際的に使われている。
*ジャストインタイム（Just In Time）：全ての工程が、後工程の要求に合わせて、必要な物を、必要なときに、必要な量だけ生産・供給する方式。

（7）生産性の重要性

　労働生産性がいかに食品企業の経営にとって大切であるか実例を挙げてみたい。図表2−4は中小企業の原価指標から作成した表であるが、パン企業10社を健全企業と欠損企業にわけ、それぞれの製造原価を100とした時の内訳である。製造原価100に対して、健全企業は直接労務費が26.5％であるにも関わらず、赤字の欠損企業の場合は40.3％に達している。このように欠損企業の人件費は健全企業に比べて多い場合が多い。すなわち労働生産性が悪い。

　この表から具体的に説明すれば、工場出し値100円のパンを消費者が買ったとすると、消費者は、健全企業に対しては人件費分として26.5円、欠損企業に対しては40.3円払っていることになる。この差は当然工場の購入する材料費の差となって表れる。すなわち健全企業のパンは54.1円の材料が使用され、欠損企業のパンには43.4円の材料しか使用することができない。これでは欠損企業のパンは健全企業のパンに比べて、小さいか、安い（低品位の）原材料から作ることしかできない。すなわち商品の価値が劣る。これでは当然売れ行きは良くないわけで、売れなければ

対象企業区分		健全企業 製造原価 構成比率（％）	欠損企業 製造原価 構成比率（％）
直接費	直接材料費	54.1	43.4
	買入部品費	0	0
	外注工賃	0	0
	直接労務費	26.5	40.3
	その他直接経費	1.9	0.15
	小　　計	82.5	83.85
間接費	間接材料費	0.2	0.8
	間接労務費	0.4	0.5
	福利厚生費・賄費	2.2	0.8
	原価償却費	2.5	2.2
	賃借料	3.5	2.1
	保険料	0.1	0.15
	修繕費	0.9	0.3
	水道光熱費	2.5	2.7
	重油等燃料費	1.2	4.8
	その他製造経費	4	1.8
	小　　計	17.5	16.15
		100	100

図表2−4　パン製造業の製造原価比率

益々経営は圧迫される。

　生産の効率が悪く労働生産性が低ければ人手が多く必要になり、これが人件費増加の原因になる。これは全ての製造業に通じる。製造企業の経営にとって、このように生産性が低ければ投入労働量を増やさざるを得ず、当然人件費は増加する。如何に労働生産性が工場の経営に重要であるか理解いただけると思う。

2 生産管理の歴史

　トヨタ生産システムなどの話は聞いたことはあるが、生産管理について体系だって勉強した人となると、食品産業関係者には比較的少ない。生産管理にも歴史がある。生産管理の本質を理解するために、ここでは生産管理の歴史を少し振り返ってみたい。生産機械の著しい発明や工場制度の創設は18世紀に遡るが、生産管理という概念の歴史は比較的新しい。

　生産管理という言葉が広く用いられ始めたのは1950年代に入ってからである。それ以前は工場管理という言葉が用いられていた。当時の工場管理は機械や作業者など、物的資源の活用に重点をおいていた。したがって生産管理は情報を取り扱う、工場管理の一部と見なされていた。また日本では第二次大戦後、労働者団体が経営を手に収めて、経営を継続する意味でも使われたこともある。こちらの工場管理は現在使われている、生産管理とは全く意味を異にするものである。現代的な生産管理とは「企業経営において、生産の予測・計画・統制など、生産活動の全体の適正化を図ること」である。生産管理の代表的パラダイムの変遷を振り返ってみたい。

(1) アダム スミス　国富論

　スミスは自由主義経済思想のバイブルとも言える国富論の中で、社会発展の根本は労働生産力の発展にあることを明らかにした。国富論は工場の生産性について、論じた物としては歴史上最初のものであろう。産業革命のころ（1776年）に書かれたものであるが、その中で労働生産力増進の主因として分業に着目している。様々な作業の適切な分割と結合により、ピンの生産作業の生産効率が240倍あるいは4800倍になった実例をあげている。

　分業の結果、同じ人数のものが作り出す、仕事の量がこのように大きく増加するのは、①個々の職人全ての技能の増進、②ある仕事から他の仕事への移る場合に、失われる時間の節約、③労働を促進し短縮し、一人で多くの仕事がやれるようにす

る、機械の発明によるものだとしている。

(2) テイラーイズム
　経営学だけでなく生産管理の先駆者として知られる、テイラーは1911年に「科学的管理法の原理」を著している。テイラーは作業を時間など、科学的に測定して作業効率を検討した。科学的生産管理は以下の5つの方法から構成されており、これらはテイラーの科学的管理法を形成している。
① 標準作業方法の設定
　職人ではなくマネージャーの力で作業の科学を掘り下げ、作業の動作一つ一つに綿密な作業方法のルールを設け、最適な道具や作業環境を突き詰め一律に導入した。今では当たり前のことであるが、当時マネージャーと労働者の間には社会階層的な隔たりがあり、労働者は自分の思うままのやり方で作業をしており、マネージャーが作業のやり方に直接口を出すことは少なかった。
② 標準作業条件の設定
　職人とマネージャーが仕事と責任を均等に分け合い、マネージャーは職人に手助けや激励を行い、困難を取り除いてやった。当時のマネージャーと労働者の間には階層的な溝があったが、人間関係を築き標準作業条件を整備し生産性を向上していった。
③ 標準作業時間の設定
　一人ひとりの時間の使い方を細かく調べ、ストップウォッチと記録用紙を用いて、正確な時間研究を行った。その狙いは作業の適正な所要時間を見極め、最も手際よく最大の成果を上げるように作業環境を整えるとともに、過酷な作業による過労などの危険を排除した。合理的に設けた標準作業条件によって作業の効率は向上する。
④ 作業者の選択と訓練
　職人を慎重に選抜して訓練を施し、極めて高い技量を身につけさせた。その一方手法に馴染めないもの、あるいは拒否する者は職場から去らせた。条件を設定するにあたり、作業の測定を行う対象、即ち効率的な作業を行なう者を選ぶことは極めて大切であった。作業は作業標準に基づいて行い、それを受け入れる事の出来ない者には仕事は与えられなかった。
⑤ 奨励給制度
　マネージャーは絶えず手助けと目配りを行い、指示を守って作業ペースを高めた者には、相応の上乗せ賃金を支払うことにより、腕の良い職人に作業の科学に

馴染ませた。作業を効率良行なうためには、労働者をやる気にさせるインセンティブが効果的であると言っている。

　科学的管理法については批判があったが、工場の生産性の向上と、労働者の賃金の増加をもたらした。以後作業標準はＩＥ（インダストリアル　エンジニアリング）の手法として重要な位置を得た。特に生産時間は生産管理や原価管理に欠かせないデータとして広く利用されるようになった。

（３）フォードシステム

　フォードシステムは生産技術を含む管理技術の複合体であり、以下のものから構成されている。フォードは1908年から1927年にかけて、1550万台のＴ型フォードを量産した。標準化・単純化・専門化（３Ｓ）による、システムの原型は1910年代初めとされている。1913年にフォード自動車の工場組織の、効率的協業を実現する流れ作業方式は開発された。次のような要素が含まれている。
① 製品と部品の規格化・標準化
② 作業の機械化
③ 作業の改善と標準化（同じ物を繰り返し大量に効率良く生産する技術）
④ 作業ステーションの工程別配置（ライン化）
⑤ コンベア利用による搬送の自動化・同期化

テイラーの標準化を推進し、作業を単純化して分業による作業の専門化を実現した。その後コンベアを利用したライン生産技術として一般化され、米国内で家電メーカーを中心に種々な製造業に採用された。いわゆる流れ作業で武器製造にも威力を発揮し、第２次世界大戦の米国の勝利に貢献した。現在の量産工場の基本となった生産システムである。

（４）トヨタ生産方式とＪＩＴ

　作れば作るほど売れる時代には、フォードシステムは十分に機能したが、その後物余りの時代になり、売れるものだけを作る必要が生じた。即ち市場変化に対応して、効率的に生産する仕組みが必要になった。これに対応したのがトヨタ生産方式（ＴＰＳ）と呼ばれるものであり、生産管理の面からはＪＩＴ（ジャストインタイム方式）とも呼ばれる。この生産方式はプル（引っ張り）生産方式で、顧客が要求したものだけを作るためのものである。

　最終工程が必要な量だけを前工程に納入させ、これを次々に下流から上流に向かって、全工程で行う方式である。トヨタ生産方式ではかんばんと呼ばれる、ツー

ルを使用して指示し生産を行うのでかんばんシステムとも呼ばれている。これは作業者自らが考え学習する、帰納的な仕事のやり方として発展していった。TQCやTPMと同様日本的マネジメントと呼ばれ、人や組織が常に変化に対応して学習する能力を重要視している。トヨタ生産方式はTPSとして世界中に知られている。

3 生産計画は食品工場生産性向上の鍵

(1) 生産計画の必要性

　生産管理において、納期管理が極めて大切であることは既に述べたが、その意味でも納期厳守を実現する生産計画は極めて重要である。ここで言う生産計画とは将来のある期間の市場が要求する、品質および数量の製品をタイムリーに最小コストで生産し、供給するための計画である。と同時にメイクスパンを短縮し、単位時間当たりのスループットを増大させる、小日程計画であるスケジューリングは食品工場の生産性に大きく影響する。

　生産計画によって
　　①材料・部品等資材と製品の在庫量を減少させる
　　②生産リソースの適切な利用（稼働）を図り、生産量を増加させる
　　③労働量を効率よく使用し、残業や過剰な労力を防止しコストを削減する
　　④生産リードタイム・メイクスパンを短縮し、納期を早める
　　⑤需要変動・設備の故障等の状況に対応して生産する
　　⑥顧客に正確な納期情報を与えることができる
　等の生産管理上の効果を上げることができる。

　生産計画を予定（目標）どおり遂行するには、生産の要素に関わる多くの情報が必要になる。必要な入力情報としては
　　①製品ごとの受注数量納期、受注見込み数量納期、将来の需要予想
　　②生産能力や生産所要時間などの生産工程の情報
　　③個々の機械設備の性能
　　④労働力の供給とその能力
　　⑤資材供給在庫・価格情報
　　⑥手持ち在庫や仕掛在庫数
　　⑦エネルギー消費や環境関連
　などがある。⑦の条件を将来はより考慮する必要が生じる時がくるであろう。

　これらの入力情報を元にして、生産管理部門などの生産計画の担当者により、出

力情報として生産計画が作成される。
　その出力情報の項目は
　　　①それぞれの製品の生産量と時期
　　　②それぞれの製品の在庫量の水準
　　　③生産ロットのサイズ・数量
　　　④使用ライン・設備装置などへの配置
　　　④労働時間やシフトの立案
　　　⑤部品や原材料など資材の購入時期と量

（2）生産計画と在庫管理

　生産管理と密接に関係する代表的な原材料・部品在庫管理の手法を以下に説明したい。

Ⅰ．製番システム

　日本の製造業で普及している生産管理手法、見込み生産や受注生産などの受注方式に関係なく普及した。一つのまとまりにした生産ロットに、番号によるコード（製番）をつけ、工場ではこの製番によってすべての業務をコントロールする。かつて電機製造や機械など部品の多い製造業で用いられたが、かんばん方式に置き換えられた工場も多い。食品工場ではあまり使用されない。

Ⅱ．トヨタ生産システム

　生産における最初の管理は、ストックの計画である在庫管理である。長い歴史の中で部品・材料の在庫量の削減をすることを目標としてきた。生産上で原材料・部品の確保は当然極めて重要である。そのためにトヨタではかんばん方式を導入し、最小在庫量の実現を目指してきた。トヨタ生産システムは様々な仕組みを持つシステムであるが、かんばん方式はその中核のしくみの一つである。実需に引っ張られ生産され補充がなされる、プル方式のかんばん方式は多品種での平準化という、仕組みが基本に有って始めて価値がでる。従って日々の生産量、生産品の種類の変動が大きく、生産の平準化の遅れている食品工場では、かんばん方式の導入は簡単ではないし、形式的な導入ではかえって効率を落とす危険もある。

　また多くの企業では、単純にかんばん方式を運用するだけでなく、過去に工場火災や大地震などにより、生産が乱れた経験を踏まえて、単に在庫量の最小化の実現に留まらず、危機管理としての合理的な在庫量の検討など、平時だけでなく災害時の物流についても研究が行われている。

Ⅲ. MRP（資材所要計画）

　在庫を持つことを否定することから考えられたMRPは、コンピュータ上で需要の従属性に基づいて計画を作る方法である。すなわち川上の補充活動は最終段階での需要に従属している。MRPは基本的には最終製品の所要量を一旦確定させた後、部品の親子関係の従属性を用いて、原材料、部品についての生産、調達の計画を作る。

　基本的なロジックは基準生産計画（MPS）から製品の構成部品表（B/M）と製品、部品、資材の在庫状況からオーダ（生産指示、発注）を、部品の補充リードタイムを考慮して計算するものである。MRPにより作成されたオーダは、工程の能力負荷は考慮されておらず、これを考慮した生産計画は別に必要になる。近年、資材所要量計画と工数計画を一体化し、販売計画と連動する資材所要量計画・能力計画・生産計画を同時に決定できるＭＲＰⅡが普及している。

（3）生産計画の期間

　このように生産計画とは、生産条件などの入力情報を、生産に必要な出力情報にかえる、変換プロセスであると考える事ができる。生産計画は計画をする時間の長さにより、総合生産計画（Aggregate Production Planning：APP、6～18ヵ月）と呼ばれる長期計画、マスタプロダクションスケジュール（Master Production schedule：MPS、数週間～2、3ヵ月）と呼ばれる中期計画（中日程計画）、短期（小）日程計画（日～週単位）のように段階的に立案され、これらの計画の全体は段階的生産計画システムと呼ばれる。

　生産計画を作成するための方法は企業毎に様々であるが、生産計画の解法としては、①グラフによる方法、②数学的アプローチ（線形計画モデルなど）がある。組立産業などでは多くの部品が使用され、その部品が必要とされる現場に、タイムリーに供給される事が必要である。従って、その部品等の供給が生産遂行の鍵となる。このような目的のために、資材所要量計画（Material Requirements Planning：MRP）がツールとして使用されている。

4 工程管理

（1）工程管理とは

　生産管理は生産計画と生産統制に分けられる。生産統制、即ち生産の実行に関する管理が工程管理である。工程管理の目的は生産計画に沿って円滑に生産を行い、

製品品質を安定させ、コストを削減し、納期を遵守する。それで顧客の満足度を向上し、ひいては利益を上げることである。そしてさらに最大の目的は、品質やコストの確保を前提条件としながら、計画の遂行により納期を守ることである。

しかし食品工場においては差立て*を、現場責任者ではなくパート社員が行っている例をよく見る。生産活動において、工程管理の対象は直接的には製造作業である。工程管理は物の流れと作業者や機械設備の稼働状態を、時間の経過に沿って管理する。工程管理は生産活動に必要な事項の時間的効率化、および時間短縮などの役割を担う。この事項とは次のようなものがある。

①納期の遵守のための作業
②生産リードタイム短縮
③機械設備や作業者の稼働率向上
④段取り作業や場内物流改善
⑤生産状態の安定化
⑥操業率の維持、生産量維持
⑦仕掛在庫量の適正化

(2) 工程管理の役割

工程管理の職務は中期生産計画などによって、生産の職場に与えられる製造の指示と資材・部品等、生産の主体となる作業部署を対象とする。製品仕様、数量、納期などの生産情報を、担当する職場に対して指示する。製品は様々な生産工程を経て製造されるが、ここでいう生産工程とは区切られた生産過程である。作業部署（ワークセンター）とは、定められた設備と作業者により構成される部署のことであるが、作業部署の能力は作業者の技能によって決まる。従って作業者教育は工程管理にとって極めて重要である。作業指示によりいくつかの作業部署を経由して、製品が完成するまでの間の、時間的な進捗管理が工程管理の役割である。

工程管理における生産の時間は、納期管理に関して生産進行の所要時間（「日程*」と呼ばれる）と、作業の実施や処理に必要な、作業時間（「工数*」と呼ばれる）がある。

---

*差立て：ある機械・設備で、一つのジョブの加工が終わったとき、次に加工すべきジョブ（作業）を決定し指示する活動。作業手配とも呼ぶ。(Z8141-4203)
*日程：仕事の着手から完了までの所要時間、すなわち受注から納入までの所要時間を意味する。
*工数：仕事の全体を表す尺度で、仕事を一人の作業者で遂行するのに要する時間、一人の作業者が行う仕事量（単位は時間）と人数をかけたもの。人時（man-hour）。

（3）手順計画と生産手配

　製品や中間製品・部品を生産するための工程（作業）順を「手順」という。日程計画や負荷計画*を作成するには必要な情報である。手順計画は製品等の形態、機能、性能、数量などの仕様を検討し、製作方法を決定し作業内容を具体的に定義する計画である。

　納期どおりに生産するには、現時点から納期までの時間に仕事を割り当て、生産能力と合致させねばならない。生産計画を円滑に進めるには、関係者に生産計画に基づく情報、生産手配などの情報が確実に伝わる必要がある。電話、FAX、電子情報などの手段により、出庫・生産指示などの伝票を関係部署に対して発行する。これら情報は量や種類が多いばかりでなく、正確さを求められるので、最近はコンピュータの導入が進んでいる。連絡される情報の中で、以下情報が明確にされる。

　①採用する製造工程とその順序
　②それぞれの工程の作業内容
　③使用する機械設備や治具など
　④工程ごとに必要な技能レベル及び人数
　⑤工程毎の作業の標準時間
　⑥組み立て作業の順序と内容
　⑦機械の運転条件（回転数、温度、ピッチなど）
　⑧担当の工程と予定日程
　⑨標準ロット数
　⑩材料の規格、数量など
　⑪シートなどから抜きとる場合の方法
　⑫管理上の記号・コード決定
　⑬自動加工機械（NC）を使う時のプログラム
　⑭作業指導票などの作成

　工程管理において製造方法を評価する場合は作業時間が重要であるが、品質と原価の維持を確認しておかなければならない。手順計画の目的は

　　①最適製造方法の決定…………総作業時間短縮
　　②製造方法の標準化　…………工程作業安定
　　③作業分担の適正化　…………各工程の作業時間の平準化*
　などである。

（4）進捗管理

　いくら計画が良くても、実行して初めて効果が出るのだから、その進み具合すなわち進捗を常に確認しておかなければならない。そしてもしも遅れが生じているのであれば、すぐに対策を打たなければならない。最近ではMES（生産実行システム）と呼ばれる生産進捗管理ソフトも導入されている。①生産計画、②手配、③実施進捗を生産管理のマネジメントサイクルと呼ぶ。この目的を達成するために、計画を策定し、計画通りに実行できたか評価し、次の行動計画へと結びつけるマネジメントサイクルを確実に回すことで生産性を向上させていかなければならない。

＊負荷計画：生産部門又は職場ごとに課す仕事量、生産負荷を計算し、計画期間全体にわたって職場、設備などに割り付ける活動。
＊平準化：作業負荷を平均化させ、かつ、前工程から引き取る部品の種類と量が平均化されるように生産すること。

5 購買管理

（1）購買管理

　購買管理とは生産活動にあたって、外部から適正な品質の資材を必要量だけ、必要な時期までに経済的に調達するための手段の体系とされている。製造企業が市場に製品を供給するために、生産に必要な物を全て社内でまかなう事はできない。生産に必要な物とは、原材料、部品、資材、構成品、燃料等、機器、工具、ソフトウェア、消耗品などである。そのため生産に必要な物を他の企業から買うか、委託して作ってもらうのが通常である。お金を払って外部から買うことを購買といい、自分の定める仕様で委託して作ってもらうことを外注という。後者は業務を完遂させる請負契約である。

（2）購買活動の目的役割

①用途に最適な物を選択する：最小の費用で必要な性能の品を得る。
②信頼できる取引先からの購入：自社の競争力を向上させるには、信頼でき継続的に取引できる取引先を選定しなければならない。特に食品企業においては食品安全衛生の点からも、トレーサビリティや原産地証明が必要であるので、信頼できる取引先から購入しなければならない。
③適正な価格での購入：市場での競争力を保持するためには、継続的に購入価格の引き下げに努力しなければならない。

④納期に合わせて購入:生産計画で定めた時期(必要なとき)に合わせて入荷する。遅れることはあってはならないが、早すぎるのも良くない。
⑤適正在庫の維持:生産を円滑にするにはある程度の在庫は必要である。しかし過剰在庫は避けなければならない。(在庫管理参照)
⑥合理的な輸送手段:"必要な物を必要な時に"を適度を越えて行うと、配送回数が増えて輸送コストがかかる。生産の円滑化、在庫量低減と合わせて購入回数、購入サイズには留意する必要がある。

6 食品の在庫管理

(1) 在庫管理と在庫の動機

在庫管理とは、工場の場合、原材料、仕掛品あるいは半製品、製品などを、必要な時に必要な量を供給するために行なう、在庫に関する活動を言う。工場の生産管理における在庫管理の重要性について考えてみたい。

製造現場において在庫が発生する理由として、①取引を動機にする在庫、すなわち需要と供給の時期や量の不一致に対処するために抱えている在庫(例えば季節商品や農産物などの一定期間しか入手できない原材料など)や、②需要が集中するために生産能力が不足する場合(段取りや購入の効率を考えまとめて生産や購入するほうが有利)などの戦略的な在庫とがある。

(2) 在庫と生産性

生産性、特に労働生産性は生産で得られた付加価値金額を、労働者一人当たりで表す。簡略的には、販売金額-原材料などの購入金額=付加価値と考える。従って原材料などの購入価格が同じでも、原材料、仕掛品、半製品、製品などが、在庫として工場に留まっているとその販売金額(スループット)は減少する。在庫が多すぎると付加価値金額が-(マイナス)になることすらある。従って在庫の適切な管理は、生産性向上の面から大きな意味を持つ。

特に食品工場は、常温倉庫に加えて、冷蔵庫、冷凍庫に在庫が保存されることが多く、商品によっては冷蔵庫や冷凍庫も保存温度による違いや、他の物からの移り香防ぐために、隔離して管理する必要があるなど、在庫の保管が複雑な例が多く、通常の工場以上に在庫が目立ちにくく、不良在庫が発生しやすい。また消費期限、賞味期限など食品独特の制約もあり、生産性向上のためにも在庫管理には細心の注意が必要である。実際、筆者の経験からも、工場によっては驚くほどの在庫がある

ところから、狭い倉庫で本当に効率よく、少ない在庫で工場を運営しているところまである。

　効率的な生産を行なうためには、必ずしも在庫ゼロがベストではなく、材料・仕掛品などの円滑な供給のため適正な在庫が必要になる。従って、生産性を向上させるには、必要にして最小の在庫を持つことで、円滑で効率的な生産を行う必要がある。そのためには過剰在庫を無くし、スループット（一定期間にアウトプットできる生産量）が最大になる様に、在庫管理を行なわねばならない。このように在庫管理には、①費用や原価削減の側面と、②生産や販売の作業効率や顧客サービスの側面がある。

　日配食品工場の多くは原材料の投入から、製品の完成まで1日で完了するため、今まで仕掛かり在庫の概念はあまり必要でなかった。しかし冷凍技術の発展により冷凍製品が増え、生産が数日にわたることもあり、いわゆる仕掛り在庫の問題が生じてきている。

　従って日配食品工場も、中日程の生産管理をしなければならない状況になってきている。冷凍品は仕込みから出荷まで少なくとも2～3日かかるため、急な補充生産はできないので、欠品を出さないようにするために、いつのまにか在庫は膨らんでいく傾向にある。欠品は対外的な問題（顧客からの苦情）が発生するので注意を払うが、過剰在庫に対しては表面的な支障がないために無頓着である工場が多い。この工場の隠れた過剰在庫の実態に気付いている経営者は、案外少ないのではないだろうか。冷凍仕掛品・製品の必要以上の在庫は、製品の品質を劣化させるだけなく、不良在庫にも繋がり、資金を寝かすことになるので経営を圧迫する。

（3）ロットサイズ

　新鮮さが命のパンは受注数に従って生産せざるを得ないが、冷凍食品など保存性の高い製品や、生鮮食品であっても、一日に同じ製品を何度も作る場合などは、生産ロットサイズの調整が可能である。ロットサイズは生産効率に大きな影響を与える。大きなロットでまとめて作れば、製品の切換などの段取りが省けるので、低コストで生産できる。かつ原材料の発注・購入もまとめて行えるので、有利である。反面在庫は増加しがちとなる。在庫を少なくするためにロットを小さくすれば、反対に段取り回数が増えて生産効率が低下し、原材料の購入や入出庫の点でも不利になる。

　一定で安定的な生産（材料の使用）が行なわれている時の、古典的な購買ロットサイズ決定法、即ち経済発注量（EOQ*）は $Q^* = \sqrt{2RC/pi}$ で表される。ここでR

は年間使用量、C_oは1回あたりの発注量、pは単価、iは年間保管費用率（もしくは年金利）である。例えば、Rを10個/月、C_oを1000（千円/回）、pを60（千円/個）、年金利iを10%で、製品1個を1ヶ月在庫として持つとすると、$Q^*=\sqrt{2 \times 10 \times 1000/60 \times 0.1/12}=200$ となり、この場合のロットサイズは$Q^*=200$個となる。保存性のよい安定な材料や季節性のないものについては参考にできる。

しかし食品の場合は、原材料の季節性、製品販売時期や天候などの条件や保存特性もあり、公式どおりにいかない場合のほうが多い。従って一般的な物より、食品の原材料等の購買においては、発注時のロットサイズや、在庫期間には注意した上で、在庫管理を行なわなければならない。

（4）安全在庫

EOQ（経済的ロットサイズ法）は需要が一定と仮定したときの考え方であるが、実際には需要は変化する。需要量や供給量の変動によって、生じる品切れを防ぐためのバッファ（緩衝）が必要となり、これを安全在庫と呼ぶ。需要量や供給量が安

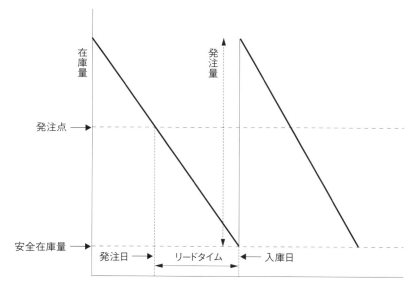

図表2−5　発注量の推移　発注点・発注量・安全在庫の関係

＊EOQ（経済的ロットサイズ法）：比較的一定の独立需要があるが、需要量が正確に把握できない時に用いられる。

定である場合や、必要な時に直ちに入手できれば安全在庫はいらない。

　しかし一般的には調達時間が必要であり、調達時間を埋めるための一定量の安全在庫は必要になる。自動車や電機産業においては、かんばん方式の導入などで、在庫を極力減少することを目指していたが、地震などの天災や火災などの事故により、部品搬入が遅れたために生産不能になった経験から、多少の原材料在庫を許容するようになった。いずれにしても適切な安全在庫量を見定め、必要以上の在庫には注意をはらう必要がある。

（5）発注方式

　在庫は発注量・生産量と消費量・出荷量との差によって生じる。管理レベルにより発注方式は選択される。

① 発注点方式

　予め決められた水準（発注点）に、在庫量が減少したときに発注する方式。発注量はEOQを用いて、予め定めておくことが多い。発注点と発注量を定めておけば、自動的に発注作業が行なわれ管理が容易になる。反面常に在庫量をチェックしておく必要があり、安全在庫を設定するために在庫が多めになる短所がある。

② 定期発注方式

　発注間隔を予め決めておき、予測払い出し、現在在庫量、発注残などを考慮して発注量を計算する。間隔を短くすれば、きめ細かな管理ができるが反面手間がかかる。

③ （s,S）方式

　予め在庫をチェックする間隔を決めておき、発注点sより少ない時は、一定量Sまで補充する。Sより多い時は次のチェックの時点まで発注はしない。

④ 2ビン方式

　同量の保管箱（容器）を2つ準備し、一方の容器の物のみ使用し、片方の箱を使いつくしたとき、1箱分発注する。別の箱のものを使用している間に、発注したものが入庫され、これが繰り返される。

（6）在庫低減のポイント

a. 在庫動機

　入出庫時期や量の不一致による、在庫縮小には購入の小ロット化を検討する。需要の波に対応する見越し在庫に対しては、販売戦略や方法によって需要の波を小さくすることにより縮小させる。安全在庫の縮小には、需要や供給のバラツキを少な

くすることができればよいが、外部要因であることが多く、現実的には難しい。この問題への対応は、リードタイムの短縮により改善を図る。

b．情報による改善

　在庫点が良好に関連付けられていないと、デカップリング在庫*が発生する。この在庫を排除するためにITの利用などによる、情報の共有化や意思決定の一元化が有効である。

c．JIT

　JITも有効な在庫削減のシステムである。（3章参照のこと。）

（7）ABC分析

　食品工場には、多くの在庫がある。これらの管理にはコストがかる。必要以上に管理することは、かえって効率が悪くなる。そこで重要なものを重点的に管理するABC分析という方法が用いられている。ABC分析では図表2－6のような曲線になる。

　この例では品目数の20％だけで、総払い出しの金額の80％に達する。この品目数20％を管理するだけで、総金額の80％を掌握できることになり、重点的に管理する。この20％品目をA品目と呼ぶ。パン工場の小麦粉、水練り工場の冷凍すり身などがこれに当たる。払い出し金額下位の50％の品目をC品目と呼ぶ。品目数では50％に及ぶが、払い出し金額では全体の5％程度である。C品目の品目数は多いけれど、その経営的重要性は低い。従ってC品目に必要以上のコストをかけることは、効率的でない。これらA品目とC品目の間に位置するのが、B品目である。B品目の品目数は全体の30％で払い出し金額では15％になる。ただしこれらの区分は、職場の管理能力に応じて決められる。

　A品目は在庫不足、在庫過剰にならないように細心の注意を払って管理しなければならない。A品目は定期発注方式で管理されることが多い。C品目は払い出し金額が少ないので、多少在庫が多くなっても、管理コストを削減することを狙って、発注点法や2ビン法が使用される例が多い。B品目は、両者の中間的な管理がなされる。品目の特性なども考慮して適切な管理方式で行なわれる。

＊デカップリング在庫：在庫は多段階性を有しており、段階の需要には時間の遅れが伴う。この遅れのために需要の変化を、正しく各在庫店が反映する事ができないために、各在庫点がうまく関連づけられずにおこる在庫のこと。

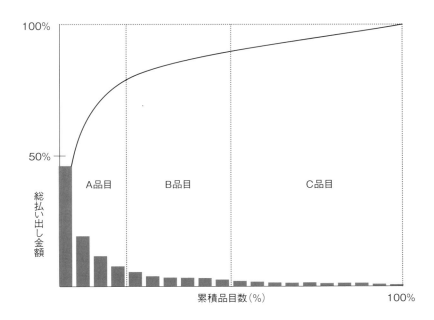

図表2−6　ABC分析

7 食品企業の管理会計

　食品製造業の生産性の低さの原因の一つに、標準化の遅れを指摘したが、標準化は単に生産のために必要なだけでなく、企業の経営方針を決定するのに必須な、管理会計を実行するためにも欠く事ができない要素である。適切な作業の標準化を行なうためには、日ごろから製造日報などの記録を丁寧に確実に行っていかなければならない。

　一般的に食品企業は、記録や文書化の風土が希薄で、食品工場の社員の多くは記録や文書化を苦手とするものが比較的多い。厳しい経済環境を生き抜くためには、経営の指針を得るための管理会計は必須であり、その管理会計のためには部門別業績管理を行なわなければならない。その基礎となる資料は、日報や月報などの日常の現場の記録であり、それを元に標準化された作業基準であることを忘れてはならない。管理会計を実施することにより、低生産性につながる工場の問題の原因を把握し、これを改善し、食品製造業の生産性の向上につなげることが可能になる。

（1）管理会計とは

　会計には株主などの利害関係者と行政への財務情報の提供義務である「財務会計」と、経営のための判断の元になる情報を目的とする「管理会計」がある。経理部門で行っているのは主に財務会計である。経理部門で作成する損益計算書は複数の事業部門をまとめて、売上、コスト、利益が計上されているため、売上が増えたり減ったり、コストが増えたり減ったりしても、部門ごとの変動が掴めず損益の変動理由がよく分らない。

　管理会計は「意思決定のための会計」あるいは「業績評価のための会計」と言われている。企業経営において、正しい意思決定をするにはためには、正しい業績評価を元にして行う必要がある。部門が儲かっていれば設備拡大をおこない、儲かる見込みがなければ部門を縮小や閉鎖するなどの決定をしなければならない。管理会計は収益改善を目的とした行動計画と、利益計画をあわせた中長期の経営計画の作成をするためのものであるから、経営者・管理職に業績評価のために管理会計の知識は必須である。正しく業績評価を行うには、部門ごとの正確な採算の掌握が必要である。即ち部門別の業績管理・部門別採算状況の掌握が必要になる。

　業種・業態により、部門といっても様々であるが、製造業においては、例えば工場別採算、ライン別採算、商品カテゴリー別採算、商品別採算などであり、部門別の採算を捉えることが、部門の評価につながり管理会計の柱になる。このように管理会計は現場の理解と協力があって始めて成り立つ。しかも管理会計的手法は経営者だけでなく、工場経営と言う面では中間管理職以上の者にも必要な知識であり、考え方である。

（2）現場データが管理会計の鍵

　部門別の採算を捉える管理会計のデータは現場にある。典型的なものは生産数量、販売数量などの数字である。その生産数量に関するデータは、機械の稼働率、工数（工員何人を何時間投入して何個の生産ができたか）、歩留まり率、不良率などがある。部門別に生産数量と変動する材料原価を元に実際原価を出し、これを標準原価や見積原価と突き合わせて、不採算の真の原因を探ることができる。

　しかし作業者にデータを記録するように指示しても、データを記録する習慣のない作業者は、ほとんどの場合、取れない理由を弁解したり面倒臭がったりで、現実にはなかなか正確なデータは取れないことが多い。現場データとは、作業日報、製造日報等に記入されるべきデータであるが、筆者が経験した多くの工場ではデータの多くに信頼性が少ない。例えば作業時間記録の単位が10〜30分になっている場

合が多く、1分単位で正確に記載されている例は稀である。

　これでは生産数／時や生産性／時などの数値に真実性はない。食品工場の作業者はもちろんのこと、ほとんどの監督者・作業者は、生産活動における1分の時間の重要性を理解していないことが多いので、改めて1分の重要性を認識させる必要がある。多くの食品工場では作業の標準化が遅れており、低生産性の原因の一つになっていることは既に述べた。作業標準にとって時間の要素が極めて重要であり、時間と作業量の関係を見極めて作業条件を設定する必要がある。標準条件を設定しないで、投入工数、稼働時間、生産性の推移などを追及することは、作業条件が不安定になり意味がない。従って作業の能率だけでなく管理会計の観点からも、作業標準設定とその履行は極めて重要である。

(3) 管理会計の要点
I．現場データの重要性

　管理会計の第一のポイントは企業全体の管理状況ではなく、部門別業績状況の管理であるから、コストや収益を決定付ける、各現場データは非常に重要である。なぜならコストや収益は現場の作業等の結果であり、これらを決めるのは生産数量、売上げ数量、消費されたエネルギー、材料使用量、投入工数、機械設備の稼働状況、稼働時間、生産性の推移などの現場の数値である。

　従って現場のデータ管理が確実に行われて、始めて採算の管理が可能になる。例えば企業業績が悪くなって経営改善を行わねばならない時、どこの採算が悪くてどこが良いのか、その理由は何か、こうした疑問を元に改善を実施しなければならないのは当然である。この時、実際の部門別データが有るか無いかで、判断の信頼性が大きく異なる。経営危機の時だけでなく、日常からデータを取り常時検証しておけば、平時においても問題の発見が容易になり、問題の対策を速やかに行うことができる。健康診断と同様、健康時の状態を掌握していれば、病気になった時に変化が分りやすい。

　複数部門があれば生産高などを、それぞれ算出するのは普通であるが、生産に要した費用においても同様に行わなければならない。そのためには部門ごとのコストの算出が必要となる。コストの算出によりコスト意識が醸成され、それによりコストの上昇を抑制することが可能になる。ここでの部門とは、事業所（工場）や、事業部、部門、部、課、ラインなど一連の活動をする部署をさす。部門毎に売上や経費が算出されていれば、会社全体の採算が悪くなった時、どの部門が原因か即座に分り、適切な対策ができる。小さな組織まで対象としている企業もある。

Ⅱ．変動費と限界利益

　第二のポイントは変動費と固定費の項目毎の分解と限界利益の算出である。変動費とは売上高・生産高に比例して増減する費用であり、材料費、電力料などがある。固定費とは売上高・生産高の増減に余り影響を受けず、ほぼ一定の費用で労務費、原価償却費、支払い利息などがある。

　変動費、固定費の概念は決算書の中にはない（但し製造原価報告書の材料費・経費等からは計算できる）。限界利益は要した費用を売上に対して変化する費用と、比較的に固定的な費用に分解することで得られる。その目的は経営における意思決定のためで、例えば、限界利益率＝（売上－変動費）／売り上げ をみて、売上のコントロールなどの経営戦略を立てる時などに使用する。図表2－7に実際の健全企業と欠損企業の損益分岐点、限界利益率の関係を示した。これらより、健全企業の限界利益率のほうが、欠損企業の限界利益率より小さい事がわかる。

Ⅲ．中長期経営

　第三のポイントは管理会計の真の目的は中長期経営に利用することにある。その要点は部門別業績管理と変動費・固定費の分解に、加えて現場のデータを用いて経営改善をすることである。すなわち実践的で有効な経営計画にするには、財務数値以外の現場データを使用して、実際の現場の状況を把握した上で経営改善計画を作らなければならない。

（4）現状分析のステップ

Ⅰ経営現状分析

　経営改善のために、一般的には経営の現状分析は財務分析から始める。これにより自社の問題点が構造的・戦略的な根本的な原因なのか、或いは部分改善、コスト削減で改善できる程度なのかを判断しなければならない。この判断を確実にするには、直近だけでなく長期的財務内容（損益状況）も掌握しなければならない。同じ管理レベルであっても、経済状況により財務内容は変化するので、ある期間調査する必要がある。また可能であれば同業他社分析と自社との対比を行うと良い。他社が上場会社であれば、インターネットで決算・IR情報を容易に調べる事ができるし、上場企業でなくてもインターネット上で有価証券報告書を入手することができる企業もある。

①P/L（損益計算書）の改善

　経営改善の実施はP/L（損益計算書）の改善と、B/S（貸借対照表）の改善の二つに分けて行う。P/Lの改善計画は構造的・戦略的なレベルの問題への対応ではな

第 2 章 食品工場における管理　広い意味での生産管理

損 益 分 岐 点 図 表

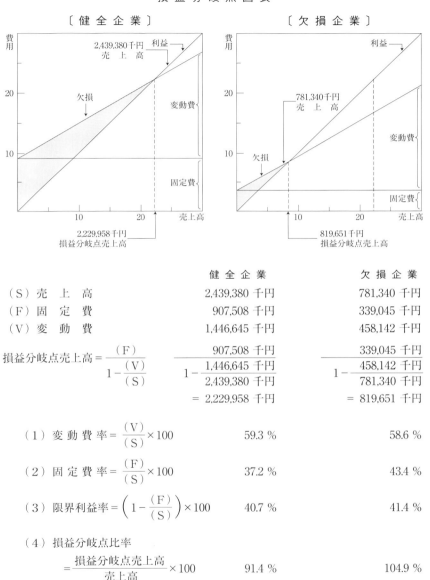

	健 全 企 業	欠 損 企 業
（S）売 上 高	2,439,380 千円	781,340 千円
（F）固 定 費	907,508 千円	339,045 千円
（V）変 動 費	1,446,645 千円	458,142 千円

$$損益分岐点売上高 = \frac{(F)}{1 - \frac{(V)}{(S)}}　\frac{907,508 千円}{1 - \frac{1,446,645 千円}{2,439,380 千円}}　\frac{339,045 千円}{1 - \frac{458,142 千円}{781,340 千円}}$$

　　　　　　　　　　　　　　= 2,229,958 千円　　= 819,651 千円

（1）変 動 費 率 $= \frac{(V)}{(S)} \times 100$　　59.3 %　　58.6 %

（2）固 定 費 率 $= \frac{(F)}{(S)} \times 100$　　37.2 %　　43.4 %

（3）限 界 利 益 率 $= \left(1 - \frac{(F)}{(S)}\right) \times 100$　　40.7 %　　41.4 %

（4）損益分岐点比率
　　$= \frac{損益分岐点売上高}{売上高} \times 100$　　91.4 %　　104.9 %

中小企業の原価指標（平成14年発行）p.44 中小企業庁編　中小企業診断協会

図表2－7　食品製造業平均の健全企業と欠損企業の経営指数

いので、部分改善・コスト削減で対応できる程度の問題の改善であるから、目標利益を算出し→損益分岐点から必要売上高を算出して→実力に基づく売上高に修正し→目標利益達成に必要なコスト削減を行う、の順で実施する。
②部分改善か構造的改善か

　しかし売上が大きく落ち込んでいる場合など、コスト削減だけで経営改善は難しいケースの場合は、構造的・戦略的対応が必要となる。この場合の改善は、部門別採算の分析→不採算部門の業界動向分析→SWOT分析＋戦略グループマップによる戦略作成→PPM（プロダクト・ポートフォリオ・マネジメント）への落とし込み→中長期計画作成、の順で行う。

③B/S（貸借対照表）の改善

　P/Lの改善計画を実施しても、改善の効果があまり見られない時は、必要に応じてB/S改善計画に取り掛からなければならない。最初に予想バランスシートの作成を行い、続いて資産回転率の向上に効果がある施策を行う。この作業の目的は経営改善計画が達成された数年（3〜5年）後に、自社のバランスシートの状態がどのようになっているかを想定して、これより自己資本の金額や比率、資産回転率、借入金などの算定を行う。金融機関の評価を得て資金繰りを容易にするために、資産の圧縮をおこなう。実際の作業には売上債権の回収による圧縮、在庫の圧縮による資産圧縮、遊休固定資産処分による資金、或いは設備投資の見直しなどがある。こうした資産圧縮を行うことにより負債（借入金）が削減され、自己資本比率が向上し資産回転率向上が達成され、筋肉質の財務状況にする事が可能になる。

④経営改善はプロジェクト・マネジメント

　P/LやB/Sの改善は行動計画の実行によって遂行される。行動計画の遂行はプロジェクト・マネジメントとして捉えられている。これらの中には経営改善、設備投資、新製品や新事業開発のプロジェクト・マネジメントなどがある。このようなプロジェクト・マネジメントは企業全体の経営改善計画、中長期経営計画に統合されて実行されなければならない。

⑤改善の評価

　経営改善計画の実施においては具体的な成果が出ているかどうか、常に監視しておかなければならない。効率的で的確な監視をするために、バランス・スコアカードで用いられる、KPI（Key Performance Indicator、重要業績指標・尺度）などを用いて把握する。このKPIはどの尺度を用いなければならないという決まりはない。

（5）P／L改善計画
Ⅰ．変動費と固定費　CVP分析

　変動費と固定費への分解によって、費用構造が明確になることはコスト削減にも有効である。変動費と固定費の費用分解が、コスト削減に有効である例として、材料費と外注費、あるいはリース料と減価償却費の関係のように、変動費同士あるいは固定費同士の費用の補完関係が明確にできる。これはCVP分析と呼ばれ、原価（Cost）、売上高（Volume）、利益（Profit）の関係が分り易くなる。

　労務費と外注費のような、労働という同一機能における変動費と固定費間の補完関係は、賃金清算の違いを示している。変動費率の高い企業は外製型企業であり、コスト削減のポイントは外注管理である。反対に相対的に固定費率の高い企業は内製型企業であり、生産性の向上と原料費の圧縮がコスト削減のポイントとなる。この様に同一機能の費用であっても費用清算の方法により対策が変わる。

Ⅱ．目標利益の設定

ステップ１：目標利益の設定

　利益は将来の事業展開のために必要なもので、戦略の元であるから「戦略原資」と呼ばれる。

ステップ２：目標売上高の算定

　目標利益を決めれば、損益分岐点から目標売上高を設定する。しかし多くの場合現実には目標値と実際の達成額には差が生じてしまう。

ステップ３：売上高の修正

　営業現場の実数を加算して達成可能な目標売上高に修正しなければならない。修正後の数字に関しては担当者が必ずコミットして責任を持たなければならない。これは目標管理（MBO：Management by Objectives）と呼ばれる。

Ⅲ．コスト削減の手法

　設定した目標売上高と達成可能な売上高との差による利益不足は、補填されなければならない。そのためにコストの削減を実行する。どの事業分野にどれだけの削減可能性があるかを予見するのは難しい。そのため同業他社との比較や、自社の標準的な原価構成との比較をして、コスト削減の余地を探り、コスト削減目標額を決めなければならない。

　これを達成するには、具体的な改善策が必要になる。実行する場合は責任部門を明確にした上で遂行する。製造企業利益の源泉の多くは製造工程にある。いわゆる「利の元は工場にあり」である。食品企業にはこのような捉え方をしている企業は少ない。製造原価の削減のうち、変動費削減の要点は材料費やエネルギーコストな

どの購入費圧縮と、外注の内製化（外部付加価値の吸収）にある。固定費削減の要点は生産性の向上と経費の削減にある。生産性向上は労働集約型企業にとっては「労働生産性の向上」、設備集約型企業にとっては「設備生産性の向上」が重要になる。

（6）食品製造業のおける部門別業績管理

　管理会計の第一の目的は、部門別業績管理即ちコスト・利益である。工場別、ライン別に売上・コストを確認する。部門別に売上は比較的容易に捉えられるが、費用はどのように按分すべきか結構難しい。管理会計における費用は、変動費と固定費の分類にほか、直接費用と間接費用の分類がある。

　直接費用とはその製品に使用されていることが明瞭に分るもので、材料費、労働費などがこれに当たる。しかし食品工場では、原材料が多くの製品で共用となるために、案外と個別に正確なコストを算出することは難しい。間接費用は、費用の発生・消費が製品と直結しないもので、複数の部門にわたる管理部門の人件費、個別的でなく全体の電力料金などが間接費用に分類される。正確に部門別採算を行うためには、できるだけ直接に賦課していくべきであるが、できない場合は間接費として把握して、例えば操業度に応じて按分して賦課する。

　部門別採算することにより部門の強さを知ることができる。事業部門の中で高収益部門と不採算部門を、限界利益（売上高から変動費を引いたもの）で比較する。固定費は事業規模が大幅に変わらない限りほぼ一定である。従って考え方としては、利益を上げるには限界利益率の高い部門の売上比率を増やし、限界利益率が低い部門の売上比率を減少させればよい。

　製造業において部門別業績管理を行なう場合の難易度は次のようになる。
①工場別業績管理１：複数の工場でそれぞれ独立して生産している場合は容易
②工場別業績管理２：複数の工場がそれぞれ工程を担って生産する場合はかなり難しい
③製品別業績管理　：１工場内の複数製品の製品別業績管理を行なう場合は比較的容易
④工程別業績管理　：１工場内の工程別業績管理を行う場合はかなり難しい
⑤個別原価計算　　：１品もの受注のウエディングケーキなどの原価計算は簡単

（7）B/S（バランスシート）改善計画

　これまでは主にP/L改善の視点から管理会計を見てきたが、財政計画の目的は景

気変動に耐える強固な財務体質を作ることである。これには自己資本比率を向上し、長期借入金を減額し資産回転率向上させることが大切である。強固な財務体質に必須な資産圧縮には、キャッシュフローの面からも、在庫と売上債権の圧縮が最も重要である。ここでは生産管理の立場のみ論ずるので、売上債権の削減については省略する。

Ⅰ．在庫費用の圧縮

在庫が多い場合費用としては金利が発生する。この支払利息のほかに倉庫費用、管理コスト、過剰在庫に伴う損失、不良在庫の問題がある。消費期限、賞味期限の短い食品は特に不良在庫は危険である。会計上の損失に加え、在庫が過多の場合、過剰在庫処分しなければならないという精神的圧迫が起き、無理な販売、利幅低下、不良債権発生、利益率低下などによる悪循環から収益悪化につながる。一般的に在庫費用は在庫残高の15〜20%(年間)かかるとされていので、仮に1ヶ月の販売金額に相当する在庫を圧縮できれば、売上高経常利益の約1.5%のコスト削減ができる。平均的中小製造企業の経常利益が1〜2%であることを考えると、これはいかにも大きな金額である。

Ⅱ．在庫圧縮の方法

在庫圧縮には二つの方法がある。一つは在庫管理手法と生産・仕入れ法の見直しである。在庫管理はABC分析と呼ばれる方法がある。在庫金額の多いものから、順番にA、B、Cとグループに分け、在庫管理にメリハリを付ける。すなわちAグループは厳密に、Bグループは中くらい、Cグループは欠品が出ない程度にラフに管理する方法である。

例えばAグループには、生産計画に基づいて、定期的・計画的に行う定期不定量発注方式を採用する。この方式は事務量が多くなるが、生産計画や需要量変化に対応する発注なので無駄が少なくなり、在庫金額の多い重要な品には向いている。在庫金額の少ないB、Cグループには、在庫がある量より少なくなったら補充する発注点方式（スーパーマーケット方式）や、同量の二つの在庫容器を準備し、一方の容器が空になったら不定期定量発注方式（2ピン方式）などを採用する。

もう一つは生産や仕入れの方法を変更して在庫削減をする方法である。材料は適正発注量（最低発注量）＝消費量/日×手当て日数なので、発注してから納品されるまでの間に消費される分量以上の発注をしないようにせねばならない。また納品に日数が掛かるものは、仕入先と相談して所要日数を短縮すれば、安全在庫が減り在庫量を削減することができる。

また製品や仕掛品はリードタイムである、製造日数を短縮できれば在庫高は削減

できる。製造日数を短縮するには、①ラインバランスの改善、機械の故障低減、段取り時間短縮による製造工程の手持ち時間短縮、②標準化、作業改善、自動化や高性能の設備導入による加工時間の短縮をする。③メーカーは市場から多品種・少量・短納期を迫られている。これが生産ロットを小さくし製造コストの上昇につながっている。半面製造ロットの圧縮は在庫削減に繋がるので製造ロット減少をしなければならない。いかに製造現場の運営が会社の経営と直結しているか理解する必要がある。

(8) 経営改善計画

企業の経営状態を改善或いは向上するには、販売計画、生産計画、利益計画などの中長期計画が必要である。しかしいくら計画を立てても、具体性のない計画は絵に描いたモチである。生産性の向上は固定費圧縮に繋がり（同じ固定費で多くの生産ができる）、ムダの排除は変動費の圧縮に繋がる。生産性の向上は、1個あたりの固定費を減少させて収益を向上させる。生産性向上の現場データとしては、労働費や製造固定費に関係する「工数」、「設備稼働率」、「生産・販売数量」があり、ムダの排除のデータには、材料費や製造変動費に関係する「歩留まり率」と「不良率」がある。

Ⅰ. 生産性向上の管理

工数は　延工数＝工員数×定時間＋残業　で算出する。単位は時間または分のどちらでもよく、工場の実態により都合のよいほうを選ぶのが正確でなければならない。この労働時間のデータは給与台帳に集約されているはずである。工数と生産数量、損益項目の三つは相互に関連付けられる。損益項目を生産数量で割れば、製品単位あたりの売値・コストがでる。延工数を生産数量で割れば、単位あたりの生産にどれだけ工数が掛かっているかわかる。これから所定の売上に必要な生産数量がわかり、所定の生産に必要な工数が算定できる。これらより利益計画と生産数量と必要設備能力（ここでは人員計画）の相互が関連付けられる。

稼働率は　稼働率＝生産実績÷実生産能力　稼働率＝稼働時間÷定時間　である。実生産能力は理論的生産能力に対する実力に相当し、生産の基準はあくまで実生産能力で考える。稼働率が低い場合は、その理由、すなわち、どうすれば稼働率を向上させることができるかを考えなければならない。4章の事例に挙げているように、食品工場の稼働率はかなり低い。

Ⅱ. ムダ削減の管理

一般的に製造コストで最大のものは材料費である。しかし、生産性を向上させた

からと言って材料コストの削減は行えない。材料費圧縮で重要なのは、投入した材料を確実に製品に変えるための歩留り率と不良率である。どのような業種でも使用材料の全てが製品に変化するわけではなく、材料の何%かは廃棄されている。歩留り率は「歩留り率＝製品化材料÷投入材料」で計算される。歩留り率をいかに高めるかは、コストダウンに対する現場の重要な課題である。

不良率の低減を行うには、材料コストばかりでなく、その不良製品に使用されたあらゆるコスト（労務費、外注費、消耗品、包装紙、光熱費等）を低減しなければならない。不良低減のためには、最終工程の製品検査で不良品を除くだけでは意味がなく、中間検査の実施、不良原因のABC分析、特性要因図を用いて、原因追求などを行って不良の原因を取り除かねばならない。そのためには不良の原因は何か、どの工程で原因を作っているのか、どの工程で発現しているか、時系列の発生状況はどうなっているかを分析して問題を潰していく必要がある。そのためには過去の蓄積した不良率のデータが必要になる。

Ⅲ．現場経費の管理

現場データというと、生産数量や材料使用量が先ず思い浮かぶが、燃料費、光熱費、修繕費、消耗品費などのコストも忘れてはならない。工場別、部門別の利益計画を達成するには、現場でのコスト・コントロールが必要である。生産性向上や稼働率向上と同じレベルで、経費の削減にも取り組まなければならない。

そのために部門単位で費用項目ごとに、データを把握する必要がある。現場データとして重要なものに、現場における在庫に関するものがある。生産計画などの生産方式が悪いと、それを補うために大量の材料・製品在庫が必要になる。これを改めるには製品、仕掛品、材料などについて、仕入れのあり方、管理方式、生産方式、受注方式などの生産管理システムの見直しを行なう必要がある。

（9）原価管理
Ⅰ．原価管理とは

原価管理は一言で言えば原価の切り下げにより、経営の効率化と業績の向上を図る方法である。原価管理とは、部分管理者がその経営業務執行管理上の原価責任を達成するために、標準原価又は許容原価を目標として設定し、原価維持及び原価改善を進めることと定義されている（用語）。従って、原価管理には①原価責任、②標準原価、③許容原価、④原価維持、⑤原価改善などの要素が必要である。

Ⅱ．標準原価

標準原価は所定の品質・価格などの条件のもとで、価格的方法によって原価が最

段　　階	内　　容
1．生産情報	現場データ（生産日報・月報）より採取
2．変動費の算出	材料費＝材料期首材料在庫＋仕入高－期末在庫（棚卸し）＝使用量（金額） 外注費＝納入個数×単価（納品金額）＝外注労務費
3．月末在庫の算出	月末製品在庫＝Σ（月首製品在庫＋月生産数量－月売上数量）×単価 月首仕掛在庫＝Σ工程別棚卸し×完成品売値×進捗率（完成度） 月末材料在庫＝Σ（月首在庫＋月仕入量－月消費量）×単価
4．労務費と経費の按分	工場別労務費：工場別給与台帳 複数部門に関係する労務費：相互の工数負荷の割合で按分 経費：各経費×部門別関与度（操業時間，生産金額等）
5．管理・販売費等の按分	管理・販売費×部門別関与度（操業時間，生産金額等）
6．金利の按分	設備資金：部門別設備資金借入残高×利率 運転資金：部門別流動資金借入残高×利率 その他借入金：部門別関与度

図表２－８　部門別業績管理段階

低になる原材料・作業方法などを確定し、それらの条件のもとで生産した場合に、発生すべき製品原価を客観的基礎の元に事前に計算して設定するものである。

　それらの条件が理想標準で実行できれば最も原価の低減に効果があるが、現実から離れた標準ではやる気を失い結局到達できない。余りにも現実を受け入れて標準を設定すると、原価切下げの積極的な目標になりえない。従って十分な努力をすれば到達できる正常標準をもとに、実行可能な標準原価を設定するのが適切である。

Ⅲ．原価計算の検証

　部門別業績管理は、利益計画の基礎であるだけでなく、原価計算の根拠としても重要である。原価計算は、製造業の経営管理の基本である。しかし食品製造業では業績管理の導入の遅れに加えて、魚、野菜、卵、穀物などの天候や相場による、価格変動の大きい原材料を使用するために、製造時点での正確な原価計算ができていない例が多い。大方の企業はある一定の期間のコストを計算して、それを標準原価と見なしているが、2008年のような原油や穀物の異常な値上げが起きれば、標準原価が実態と乖離し、コストは上がっているのにそれを掴みきれない状態が起きる。

　これではどんなに生産性を上げても、原価に対して売値が低いので利益が出るわけがない。こういう不採算の責任はどこにあるのか、こうしたミスを防ぐのが実際原価である。実際の原価を出すためには、部門別に採算計算が実行されている必要がある。また食品製造業においては多くの製品に共通に使用する原材料が多く、

ロット別材料購買をしていない上に、原材料の価格変動が大きい材料を使用するため、実際原価計算作業は煩雑で現実には無理と考えている企業が多い。

加えて食品製造業においては、標準化が遅れている上に、洗浄、下ごしらえ、掃除など、他の製造業に比較して間接的な作業が多いため、直接的な工数だけをカウントしても人件費を算出できない。これらの課題に対して、食品製造業に適合するソフトウェアが開発されているので、このようなITシステムの導入を検討すると良い。

また食品企業は家業的な色合いが強い企業が多く、原材料の正確な価格などの経営情報を、幹部社員にも開示していない企業さえある。これでは社員に経営的な知識や発想が身に付くはずがない。このような風土の中で、生産性の向上やコストダウンを従業員に求めても無理がある。生産性の向上やコストダウンを実現するためには、経営情報の社員へのある程度の開示は必要であることを理解すべきであろう。

8 ヒューマンマネジメント

(1) 組織は人の集合体

個人が集合し、それらが分業と協業により、組織的に活動することによって組織は機能する。即ち集団が組織を形成する目的は、集団の目的に付随する業務活動を効率的に遂行するために、個人を制約した上で機能的に組み合わせて、組織の目的のためにシステム化する事である。

工場のような組織において、生産活動を主体的に行うのは、組織の構成者たる人である。このため、製品の開発から、製造、販売……など、一連の生産活動は人によって実施される。この一連の生産活動は、仕事の生産の種類、機能、段階、分野などにより、分業化され、それらが連結して統合され、組織活動として実行される。

人の行動は、能力、方針を決める意志、心理状態によって決定づけられる。個人の主体的な目的は、価値観や欲求により主観的に決まるが、社会的存在である人の主体的な目的は、社会的背景や組織文化などから大きな影響を受ける。組織合理性は利用可能な経営資源を、効果的、効率的に利用して、できるだけ大きな付加価値を得ようとするものであり、集団としての組織の人と人との関連性を追い求めるものである。

学習は、生物的・社会的・文化的環境との相互作用であるとされるが、これらの

環境からの刺激は、与えられたものだけでなく、自らが自発的に選択吸収するものでもある。効果的な学習は問題処理能力を向上させ、環境への適応力を増す。学習能力は生来のものを基礎としているが、同時に成長に伴う学習により強化される能力でもある。

生産活動において、創造的活動の促進、協業の効果の向上、環境変化に対する積極的かつ相互作用的な適応、潜在能力の開発、自己変革などを通じて、協業の潜在力を高めるために、組織に対して適切な認識による対応が必要となる。従って組織活動における動機付けには、個人の自律性と自己主張を認めることと、個人が組織に対する貢献のために、積極的に役割を感じて遂行できるような条件（環境）を作り出す配慮が必要となる。

(2) 組織
Ⅰ. 分業の調整

組織の機能は分業と調整・統合による協業により発揮される。分業は簡素化、標準化、専門化には効果的である。しかしそれは単純化、固定化、部門間衝突を引き起こす可能性を内含している。分業には垂直的分業と水平的分業がある。水平的分業はプロセスを分化させたものであり、垂直的分業は意識決定機能と執行機能の分化による責任と権限の階層構造である。水平的分業は市場原理を基本として調整され、垂直的分業は組織原理を基本として調整される。

Ⅱ. 組織形態

企業における組織は様々のものがあるが、代表的なものを掲げる。

①ライン組織：管理の幅の概念による垂直的分業である。職務が階層間の指揮・命令系統で結ばれている。垂直分業型組織は軍隊組織あるいは純粋ライン組織と呼ばれている。水平的分業による部門において、垂直的な組織が部門別ライン組織である。

②職能別組織：職能的機能で部門化された、水平的分業を重視する組織である。専門性と規模のメリットがあるが、部門業績を評価する事が難しく、部門間の壁に限界がある。克服のためには、横断的な組織を設置する、頻度の高い人事配置転換が必要である。

③事業部制組織：本社と製品別、地域別、顧客別などで設置された事業部との二重構造を持つ。事業部は分権単位であり、自律的な活動、変化への対応、教育などで、有効である。反面事業部間のリソース・職能の重複及び事業部間の間隙の対応力の低下が問題になる。市場の変化に対して、事業部間横断的な調整と細やかな組織再

編が課題である。

④職能性事業部組織：市場論理と技術論理に基づく水平分業である。例えば販売事業部と製造事業部から構成される。それぞれの事業部は、現場の近くで情報統合ができるので、活動しやすいが、利益配分や経費など内部取引のレートで問題が起こりがちである。

⑤マトリックス組織：職能別組織と事業部制組織の二元的構成である。両方の体制の良いところを取り入れようとするものであるが、上司が複数存在し権力と情報の流れが、複雑で曖昧になりがちである。

⑥プロジェクト組織：特定のプロジェクトを達成するために、異なる技能、知識などをもつ人を集めた組織である。一般的にプロジェクト組織は単独に存在せず、職能別組織に対して補完する組織として存在する。プロジェクトの終了と共に解散される例が多い。

⑦アメーバ組織：組織を細分化し、小さな単位の組織に編成したもの。工程を事業部的運営する工程組織や、小さな本社組織がある。京セラでの活動が有名である。

⑧社内ベンチャー：新事業開発のため、社内ベンチャーを誕生させ、小さな独立企業のように運営する。起業家マインドを持つ社員が必要である。

⑨分社：独立した経営ができるように、社外の別組織にしたものである。資本や技術などのリソースを共同提供して運営される合弁企業もこの形態の一つである。

（3）組織文化

　組織には構造的側面と機能的側面があり、機能的側面は組織文化に大きく影響される。組織文化は組織の構成員の内面に共有された、ものの見方、価値観、行動規範である。組織の問題への対応の仕方を特徴づけ、経営理念、過去の成功体験、経営者・管理者の言動、相互作用などの日常の経験などによって形成される。

　制度的に構成されたものは、文章化され客観化されてから、組織に組み込まれる。他方観念的に構成されたものは行動様式に正当性を与え、統一的な解釈に本質的に重要な役目を果たす。従って組織開発とは、組織文化の計画的改革であるとも言える。組織文化は構成員の行動に強く影響を与える。従って行動とその動機付けの方向性は、状況変化に適応性がなければならない。環境の変化を予知・予測することによって、環境適応的に対応できる事が期待される。組織が存続し、成長していくためには、挑戦的、創造的、継続的改善・変革を、実施する組織文化を作って行かねばならない。

（4）人材育成教育

　人は経験を通して学習し成長する。従ってどの様な経験をさせるかは、人材育成においては極めて重要である。故に効果的に人材を育成するには、育成の場を作ること育成の支援をする事がポイントとなる。このように人材育成の基本は、上述の組織文化と、育成の場としての人事配置が重要となる。

　人事配置における基本的任務・役割・目標の遂行は、要求される能力と行動様式を身につけさせ、知識と経験の機会を決定付け、体験学習として能力を規定することになる。適材適所とは能力と意欲に対する判断により、人と仕事とを適合させることであり、仕事の効率と意思決定の有効性により、人材育成の環境を決定することである。その人の所属する集団が健全であれば、組織としての一体感と活力が持続され効果的な学習を促進する。計画的、効果的な人材育成をするためには、長い間使用されマンネリとなった人事制度を棚卸ししてから、今後必要とされる人的資源を質的・量的に把握して、新たな人事制度の制度的・システム的な整備を実行することが必要となる。

　一口で人材育成と言っても、どのような人を必要とするかを明確化したうえで、必要とされる人材の育成の方向を定めなければならない。一般的には知識・技術を深化させる教育ではスペシャリストが育ち、知識・技術を拡張する教育ではゼネラリストが育つ。知識・技術の幅の拡大は、異種混合の利益が得られる。他の領域の知識を習得することにより、多様な分野の効果的な協業が促進される。このような拡大はコアコンピュタンス*確立のためにも有効である。

　企業における教育には、直属の上司や先輩が部下または後輩に対して、日常業務の一環として仕事を通じて、知識、技能問題解決能力などの教育を実施するOJT（On the Job Training）と、仕事の場を離れて、共通的に必要な職務遂行に必要な知識、技能、態度などについて、社内外の専門家により実施される、Off JT（Off the Job Training）と呼ばれる教育訓練がある。OJTは①実践的な教育、②個人別の教育、③継続的な教育として行われる。Off JTは①モラルや躾、②FA化やOA化などの技術革新に対応する知識、能力、③生涯教育などを、主な対象とする事が多い。最近では企業の経営戦略により、将来必要となると予想される能力の、開発を目的とするOJD（On the Job Development）が行われるようになっている。

　人材教育で従業員の学習能力の開発は欠かす事ができない。環境は変化していくので必要とされる知識・技術も変化するために、過去の知識・技術は徐々に陳腐化

---

*コアコンピュタンス：事業に必要な中核能力。

第2章　食品工場における管理　　広い意味での生産管理

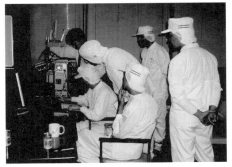

図表2-9　OJT　絞り袋の使い方教育　　　　図表2-10　Off JTによるIT教育

していく。組織もそれを構成する人も、このような変化に対応して、継続的に必要とされる知識・技術の、習得に努力していかなければならない。人材育成の面から見れば、職場における配置転換や業務に関わる改善活動も、学習能力開発の手段と捉えることもできる。

（5）従業員満足

　職場は働く場であると共に、多彩な相互作用を行う場でもある。働くことは組織への貢献だけでなく社会的貢献でもあり、個人的には帰属意識、価値生成、社会的価値を見いだすことにもなる。また自己の満足、やりがいなどが仕事の目的になる場合もある。職場は欲求充足の場であり、労働者にとって労働は、義務であると同時に権利でもある。

　企業が継続していくためには、顧客をはじめとするステークホルダー＊との、良好な関係を築く必要がある。積極的で健全な従業員の存在なしには、このような良好な関係は築けない。ゆえに従業員満足は、極めて大切になると同時に課題でもある。満足とは欲求に対する充足であり、要求の水準とそれを充足する実績との相関関係で決まる。満足が得られなければ、要求のレベルを調整するか、代替的選択の行動をとる。満足が得られない場合には、仕方ないとして意欲を喪失するか、無関心になる、あるいは批判勢力となる、もしくは退職、転職をするなどの行動をする。これは企業などの組織にとっても、個人にとっても好ましい状態ではない。図

＊ステークホルダーStake・holder：利害関係者、会社などの場合は株主、経営者、従業員、納入業者、販売者、関連企業、顧客、地域の人々など会社を取り巻く関係者。

表2-11は従業員による、どのような会社だと思っているかのイメージ、図表2-12は自分の勤務状況に対する満足度のレーダーチャートである。(注：別企業)このようなことを調査すれば、自社の社会からの評価や、従業員の離職の原因についてのある程度の情報が得られる。

しかしながら、常に従業員の欲求がすべて妥当であるとは限らない。従業員にとっての組織は欲求充足の場であると同時に、組織への貢献の場でもあるということを、教育により理解させなければならない。従業員満足に関しては、人間の健全な側面が活かされるように考えることが、組織にとって本質的であり重要でもあるし、社会への貢献につながる。

(6) 食品製造業の雇用状況

企業が存続していくためには、従業員を含むステークホルダーと、良好な関係を築いていく必要があり、それには従業員満足が必要であることは上で述べた。ところで食品製造業における従業員満足とはどのような状態であろうか。上述したように企業に不満があれば、従業員は退職や転職をする。従って勤務年数の長短は従業員満足とある種の関係があると考えられる。

図表2-13は職業中分類を基本にして、職業ごとの経験年数と勤続年数をプロットしたものである。製造業とサービス業を中心に作成してあるが、全体の平均の職業経験年数は約10.3年で、勤続年数は約12年となっている。これに対して食品製造業の経験年数と勤続年数は略8年で平均よりもかなり短い。業種職種名に○が付いたものは製造（生産工程従事者）関連の仕事であるが、その中で食品製造業は勤務年数・経験年数とも製造業中最下位である。しかも他とはかなりの差がある。勤務年数は従業員満足度に高い相関があると考えられるが、これから見ると食品製造業の従業員満足度は、製造業中最低レベルである可能性は高いと言わざるを得ない。食品企業にとって安全安心は最大課題であるが、安全安心は従業員満足による、従業員の企業に対するロイアリティがあってこそ実現できると思われる。製品の安全安心の点からも食品業界として勤務年数の延長に取り組む必要があるはずだ。

図表2-14は1994年の生産性（付加価値生産性）と労働の質との相関を産業別に示したものである。労働の質とは性別・学歴別・勤続年数別に集計された所定内給与を、産業ごとの労働者構成で加重平均して、単位賃金を求めてこれを指標にしたものである。この図中4が食料品・たばことなっている。この図では、食料品・たばこの生産性は、より下位に繊維、衣服があり最下位ではない。しかしこの当時

第2章 食品工場における管理　広い意味での生産管理

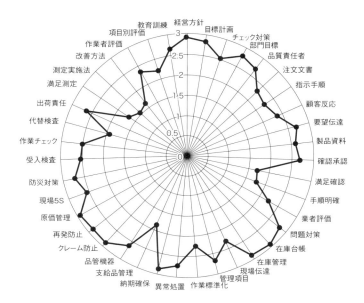

図表2-11　従業員による会社評価

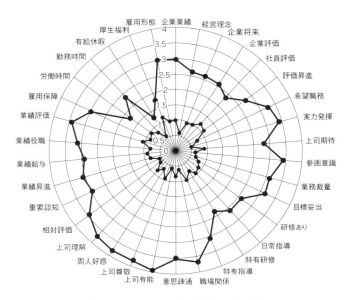

図表2-12　勤務に対する満足度

77

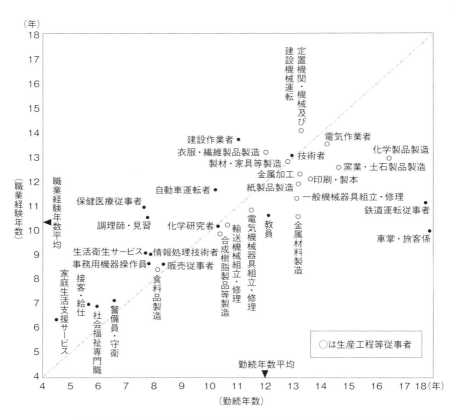

厚生労働省「賃金構造基本統計調査」(2006年)をもとに厚生労働省労働政策担当参事官室にて推計

図表2−13　職業経験年数と勤続年数

は、食料品は飲料・たばこ・飼料と合計されている。飲料・たばこ・飼料の区分は従業員規模では食料品の約11％であるが、その生産性は食料品（飲料・たばこ・飼料含む）802万円／人に対して、飲料・たばこ・飼料は2468万円／人もあり、これがこの図の食料品・たばこの生産性を食料品単独よりかなり高くしていると考えられる。実際には食料品だけを捉えたら、繊維産業とあまり変わらないのではないか。因みに繊維産業は666万円／人である。

　工業統計から筆者が推計した一人当たり付加額は603万円／になり、実際には食品製造業は衣服と同程度で最下位の生産性であったことが推察される。この資料は15年も前のものなので（残念なことに産業別の労働の質と生産性を表した資料は

78

第2章　食品工場における管理　広い意味での生産管理

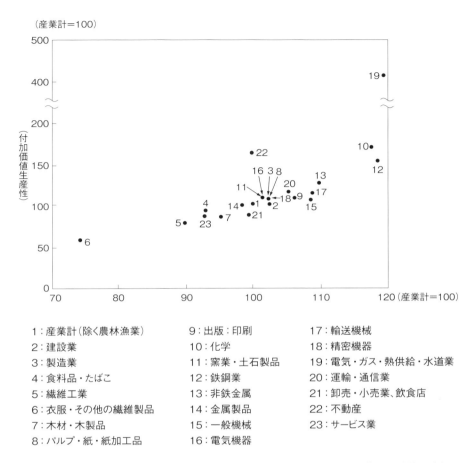

1：産業計（除く農林漁業）
2：建設業
3：製造業
4：食料品・たばこ
5：繊維工業
6：衣服・その他の繊維製品
7：木材・木製品
8：パルプ・紙・紙加工品
9：出版・印刷
10：化学
11：窯業・土石製品
12：鉄鋼業
13：非鉄金属
14：金属製品
15：一般機械
16：電気機器
17：輸送機械
18：精密機器
19：電気・ガス・熱供給・水道業
20：運輸・通信業
21：卸売・小売業、飲食店
22：不動産
23：サービス業

平成8年版　労働経済の分析より：労働省「賃金労働時間制度等総合調査」(1994年)、
大蔵省「法人企業統計年報」(1994年)から労働省労働経済課試算

図表2-14　労働の質と生産性

このデータ以外に見当たらない）、これから判断するには不十分であるが、最近でも食品製造業の一人当たり付加価値額は600万円から700万円程度で、当時に比べて著しく向上しているわけでもない。

　この図表2-14からわかることは労働の質と生産性には高い相関があり、労働の質が低いことが生産性を低くする原因であると言えなくもない。しかもその労働の質の条件に勤続年数が含まれているように、労働の質が低い一つの理由は明らかに

勤続年数である。食品製造業として生産性向上を目指すなら、勤続年数を延長し、労働の質を上げる必要があることは明らかであろう。なお繊維産業の労働の質が低いのは、平成21年賃金構造基本統計では、男性比が製造業全体では76.6％であるが、食品製造業は56.5％、飲料・たばこは73％であるが、繊維43％と低いことによる影響と考えられる。産業における作業の特性を考慮に入れていないためにこのようになっている。

　いずれにしても食品製造業の生産性は、製造業のなかでも最下位クラスであり、その原因が製造業平均の12年に比べて、8年しかない勤続年数によるものであることは間違いなさそうである。食品製造企業の従業員の定着は、極めて憂慮すべき事態だと考えられる。食品製造業では定着を促し、勤続年数を延長し、人材の育成に真剣に取り組み、労働の質を向上する必要があることは間違いない。

　但し1994年当時は食品製造業の中に、たばこ・飲料と言った高生産性の業種が工業統計上含まれていたので、これが1994年当時の生産性を高くしている可能性がある。因みに1994年の工業統計の食品製造業から、飲料・たばこ・飼料を除いて試算した、現在の食品製造業に近い産業構成では602万円／人であった。同時点の飲料・たばこ・飼料の生産性は2468万円／人で従業員数は食品製造業の約11％であった。

第 **3** 章

食品工場の生産性向上の手法
これが生産性向上の鍵

1 食品工場の生産性向上の方法論

　食品製造業の生産性を、どうすれば向上させることができるか。生産性は、得られた付加価値を投入労働量で除したものであるから、生産性を上げるためには分子である付加価値金額を増加させるか、分母である投入労働量を減少させなければならない。付加価値金額を増加させるためには販売量を増やし、量的メリットで付加価値を増加させられるとよいが、人口が減少している日本において、低生産性業種食品企業にとってそれはそれほど簡単なことではない。

　生産の効率化に取り組む方法として、現状の条件の中で最適な方策を考える方法と、改善や設備投資などで条件そのものを革新する方法がある。前者は製造のリードタイム（段取り時間＋加工時間）はそのままにして、最適なスケジューリングをすることにより生産量（スループット）を増加させ、作業完了時間（メイクスパン）を最小にする方法であり、ステータスクオと呼ばれる。

　後者は段取りの改善、自動化設備の導入、冶具の開発などにより作業・段取り時間を短縮し、それらによって生産量を増加させる方法である。もちろんこのような生産性向上の活動と同時に生産の品質を向上し、不良率や直行率を向上させねばならない事は言うまでもない。

　生産性向上の二つの方法は同時に行われると望ましいが、食品の場合、消費者の嗜好に対して味を変える可能性のある製法の変更は難しい。また食品は単価が安い製品が多いために利幅が小さく、経済的な理由から大規模な設備的革新を実施することは難しい。このような経営的な理由で、食品工場では大きな投資を必要としない、前者の方法（ステータスクオ）を重要視するほうが良い。

　例えば日配食品製造ラインの中で、最も装置化が進んでいると思われる、食パンラインを見ても、現実に製品自体も生産ラインも、30年前のものと基本的に変わってはいない。実際に食品製造業の設備の更新の間隔はかなり長い。最近でも1980年代頃導入されたオーブンをよく見る。自動車や電機業界の製品やラインのこの間の変化を比べると、その進歩の違いがよくわかる。この章では食品製造業の特性に着目して、食品工場の生産性向上に必要な生産管理要素や手法について述べてみたい。

（1）組立産業との違い

　既述のように食品の生産はプロセス（加工）生産型が多い。食品の生産は一般に

多品種で、電機製品等のように、単一製品を長時間生産する場合と異なり、製品の種類、製法や工程により、加工処理速度が異なるために、投入から包装まで各工程で同じ処理（加工）速度で生産することは難しい。

　高度にライン化された組立型産業である電機や自動車の生産ラインは、フローショップ*だが、もともとはジョブショップ*の作業を、整理統合してフローショップにライン化したものである。従ってボトルネックで、仕掛品を滞留させる（させてしまう）こともあるし、任意にラインを停止する事もできる。

　ところが食品工場の多くのラインでは、ラインを止めると手直しが効かず製品にできなくなるので、非常時を除いて停止は極力避けなければならない。それは夫々のジョブ（工程）が、相互に強くつながっており（ゴムバンドが強いとも表現される）、途中で任意にジョブの間隔を開けることはできないからである。一例を挙げれば、過発酵になればパン生地は窯落ち（収縮）してしまう。従ってオーブンが込み合っても、十分に発酵した生地の焼成を遅延させることはできない。そのため、自ずと製品と製品の間のアイドリング時間は、長くなってしまいがちになる。このときジョブが相互に強く連結しているので、上の例のように生産時間の延長・短縮の融通が利かずに、その時生産の順番が適切でなければ、作業者の予想に反して、アイドリング時間は思った以上に長くなってしまう。つまり、メイクスパンは長くなり、稼働率は低下し、その結果食品工場の生産性は低下する。

　低生産性業種の食品製造の多くは、その製品の特性からゴムバンドの強いフローショップの生産である。従ってこのように食品の生産においては、各々の工程での生産（処理）速度が微妙に異なる製品を、短納期で効率よく組み合わせて多品種生産しなければならない事が、他の工業製品の生産と最も違うところである。この食品製造特有な条件が、食品工場の生産性向上を阻害する原因になっている。

　一言で多品種といっても、菓子パンなどではアイテムごとに数万から数十個まで、量の異なる生産オーダーを、1ラインで1日に50品目以上毎日生産することは珍しい事ではない。そのためにパン工場の菓子パンラインの生産スケジュールは尋常な複雑さではない。

　また電機や自動車などのように、部品の発注から生産の終了まで、数ヵ月も掛かる組立産業型の製造業と違って、多くの食品製造業では材料の発注から生産終了まで数日、或いは生産そのものは1日で終わり、その為にリードタイムの短縮よりメ

＊フローショップスケジューリング：製造すべき全てのジョブの加工する工程の順序が同じときのスケジューリング。
＊ジョブショップスケジューリング：ジョブごとに加工する工程の順序が異なるスケジューリング。

イクスパンの短縮、あるいは同じメイクスパンの中で、より多くの物（スループット）を生産することが重要になる。この相違が組み立て型機械製造業と食品製造業の生産性向上の手法が異なる理由である。

（2）生産性を向上させるには
　もちろん生産性を向上させるためには、魅力ある新製品を開発し、製品の価値を増すことによって、分子の全体の付加価値を増大させる方法もある。しかし現実には低生産性業種の食品製造業において、画期的な新製品が発売される例は稀である。特許出願数も極めて少なく画期的な新技術の開発は食品製造業では少ないと言わざるをえない。勿論分子である付加価値の拡大に、これからも不断の努力を続けなければならないことは確実であるが、売上増による付加価値拡大の検討は別の機会に譲る。
　わが国のような経済的に成熟した国においては、生産性の向上に対する資本や労働の投資効果は少なく、1章で述べたように経済拡大のために、全要素生産性は極めて重要である。従って日本ような先進国においては、食品製造業においても技術進歩、すなわち全要素生産性の向上による効率化を指向しなければならない。
　前述のように分母である労働投入量を削減し、生産性の向上を行なうには機械装置などの設備の導入や自動化の促進などの方法がある。そしてこれを実現した業種として、高生産性業種のような設備型の食品製造業がある。製油、製粉、精糖など、植物由来の原料から大規模の設備を使用して、加工食品の原材料である製品を、少品種作っている素材型企業が多い。難点は設備の導入に多額なコストがかることと、労働集約的製造業の複雑な作業を、現状では技術的・経済的限界によって、設備装置で代替できないために、全ての食品企業が大規模な設備を導入できないことである。
　従って全ての食品製造業が設備型製造業に変わることは現状では難しい。そこで労働集約的食品製造業では、投入した労働量を有効に、生産に活用することを真剣に考えなければならない。著者は投入された労働量（給与が支払われる勤務時間の合計）の内、生産に直接使用されたものを付加価値労働とし、段取りや手待ち・手空き、必要のない仕事、打ち合わせ、清掃など、間接的に使用された時間を非付加価値労働と考えている。生産性を上げるためには原則的に、投入労働量を減少させる必要があるので、付加価値労働の効率化（無駄のない作業）による労働負荷の減少と、必要のない非付加価値労働の削減によって、余剰の労働力の投入を減少させなければならない。その為には効率的な作業の改善と勤務オペレーションマネジメ

ントにより、生産効率を向上させる必要がある。

　高生産性業種の設備型製造業は、大規模な機械化されたプロセス型計画生産が多く、稼働中の経時的な労働負荷変動は比較的少ない。設備型製造業で生産の効率化を目指す場合、製造品目の切り替え時間短縮によって、段取り時間を減少させ、設備稼働率向上させることが重要である。

　一方低生産性の日配食品製造などの労働集約型製造業は、典型的な多品種少量生産で手作り的な作業要素も多く、商品ごとの特徴による工程ごとの労働負荷変動が大きい。また日配食品の特性から注文後、直ちに短時間で生産出荷しなければならない。このために計画生産を実施することは難しく、生産は煩雑を極める。従って日配型労働集約的食品工場では、詳細な小日程生産スケジュールの作成も困難で、生産の効率の検討よりも現実には製品を納期に間に合わすことに追われており、その上に経営者や幹部の、生産性向上についての熱意や認識も、一般的に低いのが現状である。これが食品製造業低生産性業種の生産性が低い、大きな原因となっている。

2 食品工場における分業化の必要性　　一人完結型作業からの脱却

　組織の仕事の構造は、分業と調整・統合より成り立っており、組織は協業を行うための基本である。18世紀後半英国において、産業革命は蒸気機関などの動力源、織機などの生産機械の発明と、鉄道等の交通機関の発達によって、成し遂げられたことは一般に知られるとおりである。

　当時これらの科学の発展に加えて、アダム・スミスが国富論に書いているように、様々な作業を適切な分割と結合した分業化により、ピン生産において生産効率が240倍あるいは4800倍になった。このように分業化の結果、作業が効率化する原因は、①分業により個々の技能が増進、②移動時間の節約、③一人で多くの仕事がやれる様々な機械の発明が可能になった事によるものである。産業革命当時の工場において、作業を分業化する事の果たした役割は大きい。作業を分業化することは、その後、作業の簡素化、標準化、専門化が、効果的に行われるようになるきっかけになった。

　分業化には活動プロセスの分化である水平的分業と、責任と権限の階層構造である垂直的分業がある。水平的分業には、調査企画、開発設計、研究、生産環境整備、調達購買、製造、販売、物流、サービスなどの製品生産などの一連の価値プロセスにおける分業と、人事、財務、品質などのスタッフ的な支援活動の部門化とが

ある。マーケットへ効果的、効率的に対応するために行われる、市場別、製品群別分化も水平的分業のひとつである。

　垂直的分業は経営戦略、管理、業務遂行等の職務の分化のように、意思決定機能と執行機能の分化が基本になる。元受と下請け、協力会社、アウトソーシングなどは企業間の垂直的分業である。分業は効率的であるが、分業を行うと分化した部門組織や、階層の衝突は避けられないので、組織や階層間の調整の必要が生じてくる。従って実際の組織の構造は複雑になり、水平的分業と垂直的分業が組み合わされて、複合的に分業され統合されている。

　分業あるいは分業化という単語を、生産管理用語辞典あるいは種々の生産管理の教科書の索引で、探しても見当たらない。分業自体は既に生産管理の世界では、当たり前の事ということであろうか。そのような状況にありながら、この本であえて分業化を取り上げたのは理由がある。それは多くの食品工場では、今なお分業化について理解されていないことが多いからである。４章の事例でも取り上げるが、中小食品工場の現場では一人完結型作業が極めて多い。

　一人完結型作業とは一連の作業を一人で全て行なうことである。一人完結型作業の多い工場では、工場に入ると多くの作業者が目に入る。しかも作業者の多くが、皆で全く同じ作業をしている。食品製造業では大工場であっても、残念ながらそのような光景は珍しくない。

　このような工場では、一人で作業していても10人で作業していても、一人一人の作業は全く同じである。別な言い方をすれば、10人のマンパワーが組織化されず、10人が単に同じ空間で作業しているのに過ぎない。このようないわばアダム・スミス、産業革命以前の状態にある食品工場が驚くほど多いのだ。分業化を行うには作業の分析が必要になるが、一人完結型の作業のままの工場では、作業分析が行なわれていない場合が多い。作業分析は作業の標準化の基本となることから、分業化は全ての生産性向上活動の端緒になると言っても過言ではない。

　なぜ分業化すると生産性が向上するのであろうか。アダム・スミスによれば「分業はどんな技術の場合でも、労働の生産力を分業化に応じて増進させる」としている。彼によると分業の結果、同じ人数の者が作りだすことのできる仕事の量が大きく増加するのは、①分業することにより、仕事は単純な作業に還元されるので、個々の職人全ての個人技能が増進する。②人間はある仕事から別の仕事に移るときはたどたどしくなるが、分業により一つの作業に専念できるようになり、作業の切換による能率の低下から免れ、ある仕事から他の仕事へと移る場合に失われる時間が節約できる。③分業により作業が単純化されることにより、機械の発明が可能に

なり、その発明された機械設備を適切に用いると、労働が容易になり作業を促進し短縮し、結果として効率は向上する。そのために多くの仕事がやれるようになったことによるとしている。この様に工場における生産において、分業化の果たした役割は極めて大きい。一人完結型作業の横行している食品工場は直ちに作業分析を行い、できるだけ分業化された作業に移行する必要がある。

3 標準化・ISO9000/ISO14000/ISO22000
作業標準化は食品工場の生産性向上の原点

　国際規格などの標準は企業や企業グループの枠を超えた標準化である。近年顧客の製品に対する要求が多様になり、製品の種類が増加すると、共通部品の互換性などが難しくなり、生産・流通・保守のコストが増加する傾向にある。このような問題を防ぐために、国際的な組織により標準化が促進され、多くの標準や規格が存在している。代表的なものにISOがある。これらについて簡単に述べる。

　生産管理における生産の標準化とは、フォードの提唱した3S（標準化：standardization、単純化：simplification、専門化：specialization）をベースにしたコンセプトである。従って、以下に述べるように社内標準化は品質や効率を維持するための社内基準である。

(1) 標準の種類

　標準には制定する団体により、国際規格、地域標準、国家標準、団体標準、社内標準などがある。

①国際規格（International Standards）

　国際規格にはISO（国際標準化機構：International Organization Standardization）、IEC（国際電気標準会議：International Electro technical Commission）などがある。国際標準は法的な強制力はないが、WTO（世界貿易機関：World Trade Organization）は、国家標準を国際標準に適合するように勧告している。日本でもISOとJISが略同じ内容をもっているものも多い。グローバル経済の中で、国際貿易はますます盛んになり、国際規格の果たす役割は今後ますます増大するであろう。

②地域標準（Area Standards）

　ヨーロッパ域内の工業規格を統一した、ECが制定するヨーロッパ規格などがある。

③国家標準（National Standards）

　国が制定する標準で、ドイツのDIN、米国のANSI、フランスのAFNOR、英国のBSI、日本のJISなどがある。一般的には任意規格であるが、製品によって法令で引用された場合は強制規格となる。

④団体規格

　メーカー或いは団体が制定する標準である。最近ではユーザーとメーカーが、参加して作るケースが増加している。電子取引を推進する団体のデータ構造、CAD/CAMシステムの情報互換性、分散情報処理の推進団体によるものなどがある。国際規格や国家標準の先取りをする例が多く、注目しておかなければならない。これらは国際標準や国家標準と区別され、デファクトスタンダード（基準化機関が規定した以外の標準）と呼ばれる。

⑤社内標準（Company Standardization）

　会社など組織内で、効率化、安全化、対外的な根拠などのために作られる。社内基準は調達先など顧客、同業者、標準化団体のほか、国家基準、国際基準との整合性に注意しなければならない。

（2）社内標準化

　社内標準化とは使用する部品や生産する製品に対して、基準を作り単純化して企業活動の効率化を図ることである。管理者のマネジメントにより、あらゆる階層で全社的に行われることが望ましい。物と情報の流れを単純にし、管理の質を向上させる。品質維持、原価低減、納期確保、仕掛削減、自動化、作業改善、設備保全、流通合理化の改善が期待される。

　社内標準化には、標準作成、遵守活動、維持管理の三つの側面がある。①作成は、開発、設計、製造などの、日常の活動に即して標準を作成していく、業務の状況や今後のことも配慮して、複雑性や多様性を減少するような基準を作り、マニュアルや仕様書を作成しなければならない。②遵守する活動は地味な活動であるが、標準化の効果を上げるための最も重要な活動である。③状況の変化により標準を守ることが難しくなる時があるが、このときは直ぐに改変するのではなく、標準の維持に努める。それでも適合しない標準は改廃をおこない。この場合社内標準書類の変更によるバージョン管理を実施しなければならない。

　食品工場には「経験と勘」と言う曖昧さが厳然として残っており、作業の標準化を阻んでいる。作業の標準化こそ、近代的生産管理の原点である。食品工場が一層の発展を望むなら、標準化は最初に取り組むべき課題である。標準を定めたら当然

文書化を行わなければならないが、これも食品企業は苦手にしている。いくら優れた内容であっても頭の中にあっては周知徹底する事はできない。

(3) 品質管理・工程管理と標準化

　品質管理は標準化とは切り離すことはできない。品質管理は品質目標である品質基準に対して、合否の判定の基準を明瞭にする事が基本であり、条件を安定にしてばらつきの要因を除いて、安定な品質の製品を得ることが目的である。このように品質管理は基準を元に成り立っており、標準化の活動と表裏一体である。

　作業の標準手順、標準時間を決めることは、工程管理の基本であり極めて重要である。標準手順を作成する際には、効率が良くムダが少なく、安定した作業を行えるように条件を決定しなければならない。これにより作業時間が安定し、確実に品質が維持できる。食品工場では組み立て型工場と異なり、時間と共に製品の品質が激変する。このように生産効率と品質確保の目的のために標準作業手順書を作成しなければならない。この作業手順書の作成は、工場における標準化の代表的な活動である。

　作成された作業手順書は単に書庫に保管するようなものではない。標準作業手順書は現場で活用されなければ意味がない。4章に掲げる電機工場のラインの写真の中にある、作業者の正面頭上にある書類がそれである。この工場では作業者は自分の作業と、標準作業の条件とを確認しながら作業を行なっている。残念ながら食品工場ではこの写真のように、標準作業書を担当者毎に掲示している例は極めて少ない。当然の状況は変わってくるし、改善によっても作業条件も変化する。従ってもちろん状況の変化に応じて、標準作業手順書は改訂していかなければならない。

4 食品工場の5S（7S）＋1S

　今や製造の現場に関わる人で、5Sを知らない人はいないくらい、なじみの深い言葉である。5Sは職場の管理の前提になる整理、整頓、清掃、清潔、躾（しつけ）のローマ字表記の頭文字である。
①整理（Seiri）：必要なものと不必要なものを区別し、不必要なものを片付けること
②整頓（Seiton）：必要な物を必要な時に直ぐ使用できるように、決められた場所に準備しておくこと
③清掃（Seisou）：必要なものについた異物を除去すること

④清潔（Seiketsu）：整理・整頓・清掃が繰り返され、汚れのない状態を維持していること
⑤しつけ（Sitsuke）：決められたことを必ず守ること

　これらを実際の現場にたとえてみると、①職場の中に製品など、生産に不必要な物はないか、必要なものだけが置かれているか。②必要な部品や道具などが、いつもの決められた同じ場所に、分りやすいように置かれているか。直ぐに使えるようになっているか。③必要なものや作業環境がゴミや汚れがないように、きれいに掃除されているか。④いつ見てもその適切な状態が保たれているか。⑤その状態が保たれるように、標準化・手順化されており、決められたことをいつも正しく守る習慣が定着しているか、というように具体的に問いかけてみると分りやすい。

　また食品関連では、上記の5Sに、洗浄と殺菌を追加した食品衛生7Sを用いて、目には見えない細菌汚染を防止するための活動をしている食品企業もある。このように食品工場における5S・7S活動は、5S活動の通常の目的のほか、食品工場では食品の衛生・安全を守るためにも重要である。この他にもう一つ食品工場に追加して欲しいSがある。それは整備（seibi）である。食品工場には機械設備の整備が不足している工場が多い。機械設備の可動率向上は重要である。

（1）5Sは生産管理の基本

　生産活動は5Sの行き届いた工場でなければ円滑に行えない。このような考え方から生産管理の活動に5Sの実施は取り入れられている。トヨタ生産システムの中に「目で見る管理」という概念があるが、これは生産現場で起きる問題を、容易に分るようにする活動である。容易に目で見て認識するためには、現場が整理・整頓されていなければならない事は自明である。このように問題や異常の発見のためにも5Sは重要である。

　TPM（全社的総合的設備管理）活動にも、自主保全の7つのステップに5Sの考えは組み込まれている。TPMでは機械・設備・装置が、100％能力を発揮できる状態を保つために、それらの表面だけでなく、目で見えない機械類の中まで清掃することによって、故障や不安定状態によるチョコ停を減少させることができるとしている。このように機械装置の予防保全のためにも5Sは重要である。

（2）5Sの実行

　5S活動を始めようとすると、社内で様々な抵抗が起きることがある。その原因は5Sの効果が認識されていないために、人々になぜ5Sに取り組むかが理解され

第3章　食品工場の生産性向上の手法　　これが生産性向上の鍵

図表3-1　粘着紙がくっ付きあって嵩張らないゴミ箱

図表3-2　洗浄剤等の整頓棚

ていないからである。5S活動に成果を上げた職場では、①切換時間が短縮され多品種製品に対応できるようになった。②原材料や製品の状態が分りやすくなり在庫が減少した。③ムダが表面化してコストが削減した。④作業環境が整備され不良が減り品質が向上した。⑤機械類の保全が行われ故障が減った。⑥仕事が円滑にすすみ納期が短縮された。⑦作業環境の向上で安全になった。などの効果があったことが認められている。

　5S活動の開始を宣言するだけでは5S活動は進まない。活動を進めていくには、その為に必要な手順を踏む必要がある。

①5S推進体制づくり：全員参加の体制でできるように、5S推進委員長には社長や組織の長になってもらって、全社或いは全組織的な活動にする。5S推進室・推進委員会などの推進事務局等を設置し、各職場の5Sリーダーを決め、リーダーを中心に現場の5Sを推進する。効率的に効果を上げるには生産現場だけでなく、技術部などスタッフ職の援助も必要である。これらの機能を会社や組織の実情にあった形で、組織を整備し推進体制を確立する。

②対象担当の明確化：5Sの対象の職場と担当を明確にする。特に共用の設備や場所は責任が曖昧になりがちなので、エリアマップなどを作成し漏れがないようにして、責任を明確にしなければならない。

③推進計画：活動の目的を明確にしたうえで、具体的な計画を立てる。活動計画をまとめ、進捗が一目で分るような活動計画表を作成する。

④活動開始：活動が曖昧にならないように、メリハリをつける意味でも、活動宣言（キックオフ）を行う。活動が始まったらPDCAを回して、実施状態を常にチェックし継続的な改善活動を行う。活動に際して職場の状況が分るようにチェックリス

トをつくり、これで客観的な評価をおこなう。５Ｓ活動は全員で行うものであるから、意識・目的・基準・定義・活動の統一を図るためにも、５Ｓに関する教育を継続的に実施しなければならない。

（３）具体的方法

Ⅰ．**不用品札**：５Ｓの最初の取り掛かりは整理である。いる物といらない物を峻別する。一般に職場には、いる物といらない物が混在している。しかも人によりそれは異なる、そこでいらない物と判断をしたら、１品ごとに赤い紙（特に色には拘らない）などの、不用品札をその対象物に貼り付けて、他の人に捨ててよい物か確認をする。不用品札にはa.区分（製品、在庫、部品など）、b.品名、c.数量、d.不要の理由、e.日付などを記載しておく。赤札が貼られた物は一定期間（１ヶ月、１週間など）経ったら、要不要を区別し適切な処分を行う。不要になった機械や備品などが放置されて、効率的作業を妨げている食品工場を見受ける。整理の徹底によって作業能率は間違いなく向上する。

Ⅱ．**看板表示**：不要物の整理がついたら、必要な物が直ちに取り出せるようにする、整頓をしなければならない。そのためにはその物の位置が、いつも同じところになければ簡単に見つけられない。人に住所があるように、物にも住所、即ち定位置が必要である。仮に位置が定められていても、それが明示してなければ、長年勤務している人は知っていても新人には分らないし、個人がそれぞれ勝手に定位置をきめたら他の人には分らない。

誰にでも直ぐに見つけられるようにする為には、物にも位置を示す表示が必要である。住所表示と同様に、例えば会社や工場名が市名としたら、それぞれの建物などの棟や階は区、部門や部は町名、課は丁目、係やライン名は番地、入口などの場所や機械装置、棚は号というような考えで、系統的に名称をさだめ表示しておくと便利である。

それぞれの物は、日常よく使うものは使用する場所の近くに置き、使用頻度の低いものはよく使う物に比べて使う場所から遠くに置く。高さもよく使うものは胸から腰の、取り出しやすい高さに置き、使用頻度が低いほど、高いもしくは低い位置に置くとよい。このように動作がムダにならないように位置を決めなければならない。但し余り重いものを高い位置など取り難い場所に置くと、危険であるから安全にも配慮して位置は決めなければならない。

位置を決める際には、「先入れ先出し（FIFO：First in First Out）」が容易にできるように、また部品などは機能別に、或いは製品別、ライン別に区分して整理す

図表3-3　番地が付けられた移動棚

図表3-4　現品を外に掲示し内容物が分る保管

ると使用しやすい。このように置く場所を決めたら、一般的に「場所表示」あるいは「所番表示」と呼ばれる看板の表示を行う。例えばB21の棚のように指定すると、入社したばかりの新人でも指定した場所に行き、品目表示された目的の物を取って来ることができる。

　品目表示だけでなく、最大在庫量、最小在庫量を表示しておけば、在庫が必要以上に増える事もなく、かつ補充も確実に行われ欠品なども起きにくくなる。これは「3定」とか「定位・定品・定量」と呼ばれている。定められた場所に、定められた物を、定められた量だけ在庫することを実行するための、在庫管理における整理整頓の目で見る管理である。

　仕掛品は工程と工程の間に発生するために責任が不明確で、製造順や検査の実施などが曖昧になりやすい。そのようなことを避けるためには、仕掛品にも仕掛看板を付けておくと良い。前工程・後工程はどこか、責任名、数量が記載されていると、仕掛品の責任が明確になり、仕掛数の異常が起きた場合も分りやすい。

Ⅲ. 区画線・ライン標示

　一般的に生産性の高い工場は見た目にもきれいで、生産性の低い工場は雑然としている場合が多い。逆に考えれば工場の整理整頓の状況は、生産性のバロメーターであるとも言えるので、工場は整然と管理されなければならない。その為には作業区、通路などを、区画線で明確化することが必要である。一般的に区画線は白、黄色の10cmくらいの実線で引かれていることが多い、作業用の車両が通る通路は、よく見えるように15cmくらいの幅が必要である。通路は右側通行か左側通行か定め、方向を示すために矢印を入れる、車道には横断歩道を設置し安全を図る。作業区の出入り口は破線で描き明確化し、一目で分るようにする。

図3-5、3-6　ゾーニングにより塗り分けられている床（左：汚染区褐色、右：清潔区グリーン）

　作業台の脚の位置には、カギ型の印を付けて作業台の位置を確定する。移動して使用する物や使用する時移動する機械類にも、同様の印をつけて置くと便利である。台車なども使用しない時の位置を定めて管理すると良い。物の置き場を明示し、パレットごと或いは台車ごとの画分を描き、所番表示をしておく。不良品の置き場は赤い線で明示して区別しておけば、不良品の量を作業者に認識させることができる。

　床面を通路、作業区、倉庫、休憩所などに塗り分けることもある。色で安全を向上することもできるし、作業環境の雰囲気を変えることもできる。食品工場ではゾーニングにより衛生区と汚染区の床の色を変えることにより、区分を明確化し交差汚染を防いでいる例もある。

　工場内にはあちらこちらに危険箇所がある。職場に慣れていない者や、その場所を認識してない者もいるはずである。またベテランであっても、ぼんやりしていたりうっかりしていたりして、見過ごすこともある。そのような危険を防ぐために、一般的にトラマークと呼ばれる、黄色と黒色の斜め縞のテープで、目立つように危険箇所を明示すると良い。設備などや建物などの突起や出入り口のドアも危険である。このような場所にもトラマークを付けて注意を喚起すると良い。

Ⅳ．冶工具置き場

　製品は生産されると出荷されるが、冶工具は残され繰り返し使用される。従って冶工具は「取り出す、使う、戻す」の動作が繰り返される。この動作がきちっと行なわれないと、工具が放置されたままになり工場が乱れる原因になる。このように工具類は、本来あるべき場所に戻されていないケースが時々あり、工場の乱れの原因の一つである。

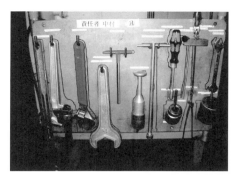
図表3-7　工具収納盤

図表3-8　工具安全具収納盤

　日本の家屋にはもともと押入れ（押し込み）というものが設置されている。これが日本人の整理整頓の概念に、少なからず影響を与えていると筆者は感じている。即ち日本人の片付けると言うのは、根本的に整理整頓するのではなく、押し込んで表面的にきれいにするように、思っているのではないかという気がしている。押入れに押し込むと外からは片付いた様に見えても、中は乱雑になっている。同じように、例えば道具をいれる引き出しの中に、乱雑に押し込められている道具類をよく見る事がある。表面的には道具は片付けられていても、整頓という意味では引き出しという閉鎖空間の中で、外から見えないだけで直ぐに使える（整頓）状態になっていない。

　以前は道具類を個人が管理する例が多かったが、現在では1箇所に集めて管理する職場が増えている、これは集中管理と呼ばれる。集中管理では道具の保管をオープンにして、道具の形を描いた板状の道具置き場で保管しているケースが多い。これだと一目で戻す位置が分るし、戻していなければ、それも一目で分るので紛失も防止できる。この管理方法は食品工場においては、異物混入防止管理の上からも有効である。

V．清掃

　食品企業では多くの工場で、白色或いは明るい色調の作業着を採用している場合が多い。これはイメージ的なものもあるが、汚れを見えやすくするためにも採用されているのである。白い作業着は汚れを隠すのではなく、汚れを「見える化」しているとも言える。同様に職場を白い布を使って全員で拭いて、汚れを「見える化」することを実践している企業もある。

　清掃は箒で掃き清めることであるが、用具がなければ実施できない。そのために

図表3-9　開放型の掃除器具置き場

図表3-10　1次と2次洗浄を別々の用具でできるようにした移動式二面洗浄具保管装置

掃除道具を点検準備し、保管場所や方法を整備する必要がある。清掃のステップは①担当部署を定め、掃除方法を決めて清掃業務を徹底的に実行し、工場内をピカピカにする。年に数回の大掃除を実施する。もれなく実行するために、清掃チェックシートを作成する。②清掃に点検方法を決めて点検業務を組み込み、清掃を不具合の発見できる仕組みに変え、清掃チェックシートを使用して、掃除を予防保全のための清掃点検とする。③清掃点検で発見した不具合を保全カードに書き、これを保全担当に渡し不具合を改善して保全を実現する、の流れで清掃は行われると良い。

Ⅵ. 予防

　整理・整頓・清掃がある程度に達すると、5S活動が停滞気味になる事がよくある。ある程度の段階に到達したら、ある種の達成感あるいは満足感が起きるのだろうか、そのような状態に陥りやすい。そのような時は根本に立ち返り、なぜ5S活動をするのか、しなければならないのか、目標はどこにあるのか再確認する必要があろう。食品工場の5Sは見た目だけではない、食品安全衛生の目でも点検しなければならない。

　5Sを持続推進するために、「なぜ不要物が発生するのか」、「なぜ乱雑になるのか」、「なぜ汚れるのか」など原因を考えて、根本的な対策いわば源流管理を実施することにより、5S活動のレベルを上げていく必要がある。5S活動に終わりはない、力を抜けば元の状態に戻ってしまいがちである。あるレベルに到達したら、根本的な対策の実施により、予防整理・予防整頓・予防清掃をおこなって5S活動の推進をして行かなければならない。

Ⅶ. 躾・定着

　どんなことでも続けているとマンネリに陥る。5S活動も同様である。マンネリ化を避けるために、目で見る管理を実践して、常に問題が発見できる状況を維持する事が重要である。マンネリは問題意識が希薄になることから生じる場合が多い。従って常に不要物、整頓不足、汚れが発見できるような仕組みを作り、良好な環境を維持することが大切である。

　5Sがマンネリに落ち入り易い一番の原因は5Sの評価を作業が終って片付けの状態で評価するからである。5Sは作業が行ない易い状態にする為であり、作業終了後の状態を評価するのではないからである。著者はこれを動的5Sと称している。いかに作業中も含めて作業しやすい状態にあるかが重要である。これをめざせば5Sは永遠に続く。作業後、掃除後の状態を評価するから、満足し限界に達してしまうのである。

　組織は感情を持つ人間から構成されている。従って組織の活動である5S活動においても、組織の人間関係が良好に保たれていることが必要である。5S活動を成功させるためにも、挨拶の励行、発言しやすい環境、怒る必要がある時は怒り、褒める時は褒めるなど、相互に認め合って尊重できる人間関係を醸成しなければならない。良好なモラルと人間関係があってこそ、5S活動は推進され成果を上げることができる。衛生的で安全な食品を作るためには、働く人のモラルが何より大切である。

5 QC七つ道具　　食品工場でも活用できる

（1）QC七つ道具

　初期のSQC時代の品質管理は、限られた技術者による数理的統計管理によるものであった。その後、限られた技術者だけのものであった統計分析は、TQC時代に入り品質管理の利用の範囲が広まるにつれ、統計的手法を含むQC七つ道具として、現場において小集団による品質改善活動に採用されるようになった。これは改善活動における問題解決において、これだけ知っていれば広範囲な問題に対応できる、問題の状況の把握や分析に用いられる、比較的簡単な手法がまとめられた手法群である。

　QC七つ道具は、問題の事実に基づくデータに含まれる、本質的情報を取り出す手法と考え方を与えてくれる。以下の手法を含む。食品工場でも是非活用していただきたい。

①ヒストグラム：手段のバラツキを視覚的にし、その状態についての情報を得る手

法である。同じ製造条件で製造しても、できた製品の品質測定値はバラツキがあり、データはある種の分布をしている。測定値の範囲を、等間隔の区間に分け、各区分のデータ出現度数を表したものを度数分布表（ヒストグラム）という。この図により、品質の分布状態がわかる。通常データはある数値を中心に、上下に均等な釣鐘型の分布を示す傾向がある。このような分布を正規分布とよぶ。数量的に捉えるには分布の"平均値"や"標準偏差"を算出すると良い。

②散布図：二つの特性を横軸と縦軸にし、測定値を打点して作るグラフ。対応するデータについて、それぞれの関係（相関関係）が強いか、弱いかを視覚的に分りやすくする。

③パレート図：原因別の発生数を多い順に並べ、その累積値を描いてみると、分布の傾向が明らかになる。不良の原因は多くあるが、大きく影響している原因の数は少ない。在庫品のABC分析もパレート図の応用である。頻度の高い原因から優先的に解決すれば、不良の大部分がなくなり、損失が減少し生産コストが削減される。

④特性要因図：製品あるいは工程について、品質特性と変動要因との定性的な関係を表す図で、"魚の骨"とも呼ばれる。不良原因と発生要因を実態調査により、系統的に整理し理解しやすくし、不良要因の追求や対策の検討に有効である。この図は統計とは関係ない定性的な概念である。

⑤チェックシート：データ収集がもれなく容易に行え、加工して整理できるようにした記録書式。

⑥層別：集めたデータを何らかの基準でグループ分けすること。品質管理において種々の品質特性を測定するが、これらのデータは通常バラツキがあるので、データの層別*にまとめることが必要になる。データは調査対象からサンプルを取って、もとの対象を推定するが、この対象の全体を"母集団*"と呼ぶ。

⑦管理図：連続した測定値或いは測定値群の値を、時間或いはサンプル番号順に記入し、上限管理限界線及び下限管理限界線を持つ図。工程を管理状態にして安定にすることを目的とする解析用管理図と、工程が管理状態にあるか判断するための管理用管理図がある。

＊層別：母集団をいくつかに分解する。層は部分母集団で相互に共通箇所を持たない。
＊母集団：対象とする特性を持つ全ての集団。

6 QC七つ道具を利用した原因の発見例

　問題発生の結果としてトラブルを、現象的に発見しても、そのトラブルを引き起

こす原因を、突き止めることができなければ、改善の対策は打てない。従って、問題を解決するためには、トラブルに気付き、そのトラブルを引き起こす、工程や材料などの異常の原因を、解明した上で改善を実施する事が必要であり、これで始めて異常管理は効果を持つ。

異常管理が実効を持つためには、異常を引きこす原因の、解明が極めて重要である。しかしながら、今まで異常管理といえば、異常の発見に力点がおかれ、その原因の解明についてあまり説明されていない。そこで本項では異常の原因の解明の例として、筆者の経験をもとに創作したQC七つ道具を使った、食品工場における異常発生原因解明の例をあげる。

●イギリスパンの不良発生のケース

パンメーカーであるT社は、毎日約200種類のパンを生産している。月初の品質会議で、この工場の生産品目のうちの一つ、イギリスパンに最近不良が散発していることが、品質担当者から報告され、工場長から全員でこの問題の解決に取り組む様に指示が出た。品質管理担当者からの報告によると、今までも同様な問題は時折発生していたが、今までは不良数量は少なかった。少し多いと感じた時は、発生の不良発生の有無を製造部門に伝え、注意を喚起するに留まっていた。ところが7月に入り10日に1度くらいの頻度で発生し始め、不良の個数も10倍くらいになったので、今回品質会議に諮ったとのことであった。工場長からは詳細な報告を提出するように、品質管理担当者に指示が出された。

T社での、このイギリスパンは、70％標準中種製法で生産されている。ちなみに一回の仕込み量は小麦粉10袋（25kg×10袋＝250kg）相当であり、これは仕込み1バッチあたりで、製品約300本（3斤棒）/バッチになる。生産数は受注数によって決まり、通常製品数は1200〜1800本/日程度で、従ってバッチ数は4〜6バッチ/日である。

小麦粉は実際には計量され、サイロからミキサーに空気搬送で投入されている。この製品の製造工程の概要は、①中種ミキサーで7袋分の小麦粉にイーストと水を加えて、目標捏ね上げ生地温度を目標にして所定の時間ミキシングを行う。②その後捏ね上げられた生地を中種発酵室に移動し、一定発酵室温で3時間の中種発酵をする。③熟成した生地を本捏ミキサーに移し、残りの3袋分の小麦粉と砂糖、粉乳、食塩などの材料を添加して、捏ね上げ生地温度と生地のディベロップ（グルテン形成促進）に注意して、標準ミキシング条件を元に本捏ミキシングを実施する。④これをドウトロウ（生地を入れる箱、ボックスとも言う）に移してフロアータイ

ム（一種の発酵工程）をとる。⑤フロアータイム20分の後、その生地をデバイダー（分割機）に投入して、所定重量の生地玉に分割しながら、次々と丸める。⑥生地玉はオーバーヘッドプルーファーに自動的に移動し、前の工程で傷んだ生地を20分（ベンチタイムとも言う）ほど、回復させる。⑦この生地をモルダー（成形機）で、生地の中からガスを抜きながら、生地を所定の形に成形して、焼型（パンを焼くケース）に入れる。⑧生地の入った焼型は、一定温度、湿度のホイロに自動的にはいり、50分の最終発酵（ファイナルプルーフ）を行う。⑨イギリスパン（山型）なので焼型に蓋をせずに、トンネルオーブンで約40分間所定温度において焼成する。⑩焼成後直ちに焼型からパンは取り出され、約1時間冷却コンベア上で放冷される。⑪包装用のビニール袋に詰められる。この時袋詰め作業の作業者は、ラインの検品検査員を兼ねており、袋詰めをしながら、基準を参考にして不良品を除く作業をしている。そして不良品として除かれた以外のものが、良品として出荷されている。

　この時このイギリスパンの製品仕様では、高さ標準20cmで、高さ18cmから22cmの物を良品とすることが決まっている。このほか焼け色、形状、外観、異物の付着等の項目が評価されて、良品不良品が識別されている。不良原因項目ごとの不良数が検査員の判断でチェックシートに記載される。作業終了時に検査員が誤記等の点

不良原因項目	不良発生件数
サイズ不足（18 cm以下）	卌 卌 卌 卌 /
焼色濃い	/ / / /
焼色薄い	
形状不良	/
サイズ過剰（22 cm以上）	
異物	
合計	21

図表3-11　検品担当者のチェックシート（7月25日：会議直前の不良が多かった日）

検後、毎日このチェックシートを品質担当者に提出している。

　早速、品質担当者は工場長に指示されていた、7月分の不良の要因分析と不良が目立たなかった4月の発生原因の要因分析表を工場長に提出した。その二つの発生分析を対比してみると、サイズ不足の項目以外の項目は両者にあまり差がない事がわかった。サイズ不足の7月の1日当りの不良製品数は5.3個／日であるが、4月では1.5個／日であった。平均では約3.5倍の増加数であったが、4月の平均と7月25日を比べてみると、なんと約11倍の増加であった。確かに品質担当者の説明のとおり、月に何度かある異常の多発生日では、通常の月の発生数の10倍程度であり、多発生日ではない日の発生数は4月の平均と変わらない程度であることが確認された。この要因分析をもとに7月のパレート図を品質担当者が作成すると図表3－13ができた。その結果ライン品質検査で不良となるのは、すべての原因のなかで、サイズ不足によるものが47.5％に及んだが、過半には達していないことが分った。

　ところが不良多発日である7月25日の不良分析をみると、不良原因の80％以上がサイズ（高さ）不足であり、多発日の不良の原因はサイズ不足である事が確認された（なお当日のパレート図は7月の不良原因順と統一したので、パレート図としては不完全である）。4月と比較した場合の7月の不良数の増加数123のうち、119はサイズ不足である。従って最近の、不良の増加の原因はサイズ不足であることが確認された。

　品質担当により、イギリスパンの傾向的不良の要因が分析されたので、早速対策のために工場長以下、各ラインの責任者、イギリスパンの生産ライン担当者、研究開発部門のスタッフ、品質管理課スタッフを集め、この問題の原因解決のためのプロジェクト会議を開催した。ほとんどの参加者は当初からイースト不良が原因であると考えていた。そこで研究開発担当が直ちにイーストの発酵力テストを開始した。しかし念のために、全員でブレインストーミングを行い、考えられる不良発生の原因を挙げて特性要因図を作った。

　イギリスパンの配合は製品仕様書で規定され、イーストを除き材料は全て単一の材料が使用されていた。イーストは重要材料であり、性能比較のためにイーストAとイーストBはOR使い材料として、夫々のメーカーによる成績証明書による保証、夫々の二酸化炭素ガス発生容量測定、数回の製パンテストで夫々の発酵力がテストされ、同等の性能を持つ事が確認され、以前より同等品として、数年間イギリスパンに使用され、これまで問題は起きなかった。

　数日中に研究開発部門により、A、Bのイーストブランド層別によるガス発生量も、製パンテストでのパンの高さにも有意の差がない事が報告された。これは従来

不良原因	不良発生件数	累積比率	累積数
サイズ不足（18cm以下）	164	47.5%	164
焼色濃い	80	70.7%	244
焼色薄い	47	84.3%	291
形状不良	35	94.5%	326
サイズ過剰（22cm以上）	10	97.4%	336
異物	9	100.0%	345
合計	345		

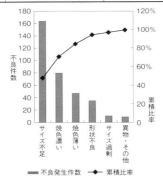

図表3-12　不良発生原因の要因分析（7月分）

不良原因	不良発生件数	累積比率	累積数
焼色濃い	83	37.4%	83
サイズ不足（18cm以下）	45	57.7%	128
焼色薄い	41	76.1%	169
形状不良	23	86.5%	192
サイズ過剰（22cm以上）	18	94.6%	210
異物	12	100.0%	222
合計	222		

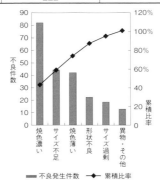

図表3-13　不良発生原因の要因分析（4月分）

不良原因	不良発生件数	累積比率	累積数
サイズ不足	21	80.8%	21
焼色濃い	4	96.2%	25
焼色薄い	0	96.2%	25
形状不良	1	100.0%	26
サイズ過剰	0	100.0%	26
異物・その他	0	100.0%	26
合計	26		

図表3-14　不良多発日である7月25日の要因分析

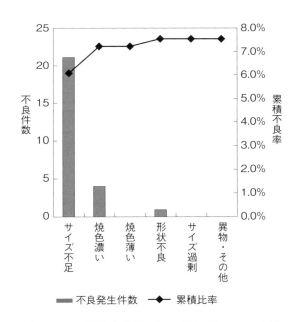

図表3-15　不良多発日である7月25日のパレート図

からの見解と一緒のイースト相互には発酵力に差がないとの、結果が出たので、特性要因図で考えたその他の要因を全て確認するため、工場長は工務部に設備機械の総点検を命じ、研究開発部には実際の作業が確実に作業標準に基づいて実施されているか、問題が解決するまで生産現場で監視するように指示があった。

　それでもイーストに何か問題がある可能性がないとは言えないので、次の仕込みからいつでもイーストの発酵力が確認できるように、バッチ毎に使用するイースト

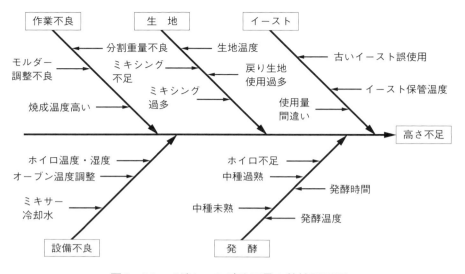

図3-16　イギリスパン高さ不足の特性要因図

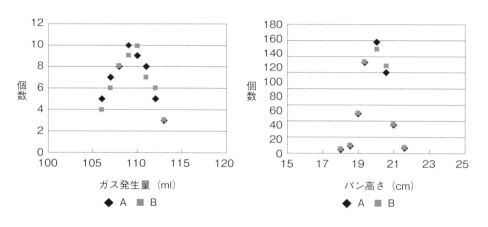

図表3-17　層別イーストガス発生力テスト　　図表3-18　層別イースト製パンテスト

　の0.5％を発酵力検査の試料として保存するように、工場長より指示があった。また資材部には、イーストの入荷ロットについて、今まで以上に確認することと、詳細な記録を残すように指示があった。品質担当には不良発生日と正常日の製品のヒストグラムを作成しておくように指示された。

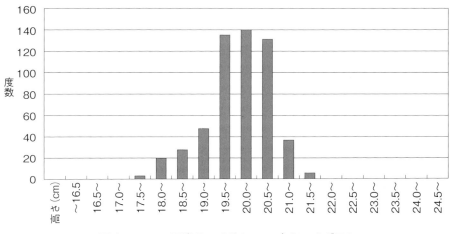

図表3−19　正常日のイギリスパン高さヒストグラム

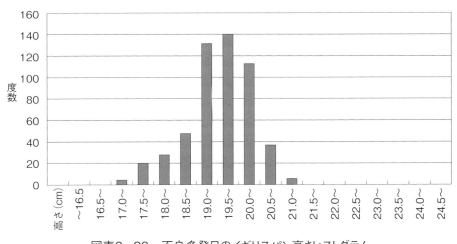

図表3−20　不良多発日のイギリスパン高さヒストグラム

　品質担当により、正常日のイギリスパンの高さのヒストグラム上図が報告された。2、3日猛暑が続いたが、8月5日にまたも高さ不良が多発した。早速作られた不良多発日のヒストグラムが図表3−20である。ヒストグラフにすると明らかなのだが、確かに正常日には不良は1件であるが、不良多発日には不良が23件も発生しているが、パンの高さの中央値も、だいぶ下方にシフトしていた。従って不良多

発日には、不良だけでなく全体的にパンの高さが低くなる傾向にあることが分かった。

　高さ不良の現象が再発したので、早速、製造部と研究開発と品質が集まり、工場長指示で保管してあった昨日（8月5日）生産に使用したイーストで、ガス発生能力試験と少量の製パンテストをした。当日は5バッチだったので、保存イーストサンプルは5点であった。5点のサンプルのガス発生量とそれで作ったパンの高さを調べると、8月5日に使用したイーストの中にはガス発生量の劣る物が明らかに混ざっていることが判明した。そしてガス発生量とパンの高さの上には相関図から明らかに、相関がある事が確認された。不良多発日には何らかの理由で、ガス発生能の劣るイーストが一部混入し、これが高さ不良のパンの原因になっている事が推察された。

　イーストのガス発生量とパンの高さに高い相関がある事が確認されたので、7月以降の生産分で、一日あたり10個のランダムサンプルから算出した、当日の平均高さ$\bar{x}$と、10個のうち最も高さが高い物と最も低い物の較差（バラツキ）Rを用いて、図表3-22のイギリスパン$\bar{x}$-R管理図*を作成した。また、$\bar{x}$-R管理図に、製造記録からイギリスパンに使用されたイーストの銘柄を追記した。この図から分ったことは、高さ不良の多発日に使用されたイーストは、何れもAイーストである。比較的バラツキの大きい日には、Aイーストが使用されている傾向にあることであった。

　どうも今回のイギリスパンのサイズ不良の問題は、Aイーストが原因であることは間違いないと考えられたが、今までのイーストのガス発生力あるいは製パンテストの結果でA、Bイーストが同等であったことから、これをどのように理解するかが問題となった。

　ちょうどその時、工場長が資材部に出していた詳細な調査指示に対して、資材部からイーストの納入商社から、データが入ったとの報告があった。イースト運搬に使用されている、冷蔵車の庫内温度の記録（ログ）であった。その記録を見ると、Aイーストの冷蔵車の庫内温度は、1日の内何回か上昇して、また降下している現象が見られたが、Bイーストのものは温度が低温に保たれ、その変化が余り見られなかった。

　この結果とイギリスパン$\bar{x}$-R管理図の結果を結び付けると、直ちにAイーストの

---

*$\bar{x}-R$管理図：工程の群間変動を管理する管理図と群内変動を管理するR管理図より構成される。時間の経過に対して工程が安定しているか否かを示す。

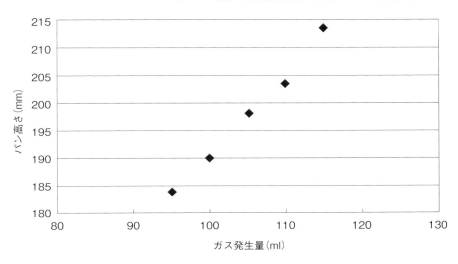

図表3−21　イーストのガス発生量とパンの高さの相関図

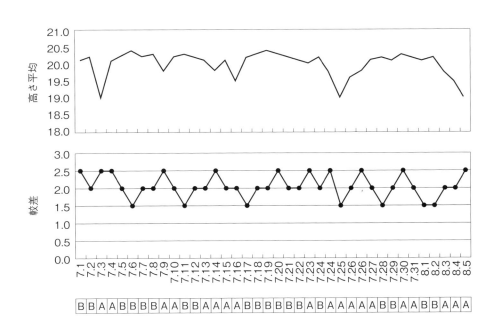

図表3−22　イギリスパン$\bar{x}$-R管理図

発酵力の低下の原因が推察できた。Aイーストの冷蔵車のドライバーは、冷蔵車の
ゲートの開閉に無頓着で、ゲートを開けたままにする事が多い。ゲートが開けられ
るとゲート付近の温度が上昇し、ゲート付近の表面の一部のイーストの温度が上昇
する。外気に接しない内部の多くのイーストの温度は、直ちにはほとんど上昇しな
い。その為ほとんどのイーストは当初の性能を維持していた。Bイーストは庫内温
度の変化がないので、イーストの性能は保たれていた。従ってこの現象は温度が高
い日に、ゲートが開放状態であると発生しやすい。そのため気温の高い日に入荷し
たイーストにダメージが出やすい。

　このような結果から推察してみると、今年は例年にない酷暑で、その温度が搬送
中のイーストにダメージを与えた。しかし直接外気に接しない、ほとんど箱の中の
イーストはその影響を受けない。たまたまテストに使用されたイーストは、影響を
受けていないイーストであったので、両者に差がでなかった。例年夏にも、このよ
うな傾向はあったが、問題になるほどではなかった。ところが今年は記録的な猛暑
であったため、この現象が著しく出た。

　早速、A社に対策を打たなければ、取引を中止しなければならない旨を通知し
た。直ちに回答があり、A社ではイーストの納入に関して、工場から直行で輸送す
るとの回答があった。T社はその条件を受け入れ、以後そのように輸送されてい
る。その対策により、それ以降、イギリスパンの高さ不良の問題は解決した。大き
な問題は比較的因果関係が明らかになりやすいが、このような問題の程度では原因
の解明が曖昧になりやすいが、QC七つ道具を使用することで、解決に至る事がで
きた。このような経験から、QC七つ道具は問題解決に有効であり、今後何か問題
があれば有効に活用したいと全員で考えるようになった。

7 食品工場における目で見る管理

　工場には機械や設備が多くあり、管理するポイントは無限にある。工場内の全て
の人、材料や部品などの物、生産機械などが、正常な状態にないと労働災害などの
事故、品質不良、納期遅れ、機械の故障、原材料のむだなどの問題が発生してしま
う。かといって生産の開始時、或いは途中で全ての事柄を、綿密にチェックするこ
とは不可能に近い。そこで例えば原材料の在庫が不足していないかなど、工場内で
発生する問題点が簡単に分る手段が必要となる。それが目で見る管理である。

（1）目で見る管理（見える化）の歴史

　「目で見る管理」は、生産管理における可視化である。目で見る管理は昭和25年、トヨタ自動車において、異常表示灯（あんどん）の活用から開始したとされる。5Sの導入やかんばん方式の実施により、問題が一目で分るように工夫された。「目で見る管理」は「現場レベル」で、自主管理の道具として活用され、引き続き、異常処理板、不良さらし台、ロットサンプル台、初物チェック台、納期管理板、作業管理板、給油指示ラベル、単価比較表・推移表、保護具・禁止事項表示板、緊急時連絡先・方法表示板、工具置き場、刃具置き場、ストア掲示板、ストック表示板などの手法が導入された。

　次に自主経営の道具として、コミュニケーションボード（職場の目標・実績管理板）、社是・社訓・経営理念・方針表示カード、設計者スケジュール管理板、帳簿類色別管理、発注表示板、などが導入実践された。続いて「企業経営の見える化」の時代になり、コンピュータが統合経営のツールとして使用された。具体的には3次元CAD、CAM、CAE、CG、シミュレーション、コンピュータ試験（CAT）・試作、VTR作業標準などの例がある。次の段階では「企業グループの見える化」の時代になり、価値連鎖経営（VCM）、供給連鎖経営（SCM）が要求され、それらを実行する為のツールとして用いられた。ICT（情報通信技術）として、インターネット活用、SCM、VCM、ネット活用会議、ICタグ、デジカメなどが利用された。今後も目で見る管理・見える化の技術は益々発展していくであろう。

（2）目で見る管理の具体例（ヒント）

　それでは実際に現場で見える化を推進するためには、どのような事柄を行えばよいのであろうか。具体的な方法の例をいくつか挙げて見るので、各社可能なものを取り入れていただきたい。

①活動名を時系列に描いたプロセスチャートと、何をどのように管理するかを決定するかを書いたプロセス計画書を用いて、Plan、Do、Check、Actionの業務プロセスを「見える化」する。

②エクセルのオートシェイプなどを使用して、5Sで作成した区画線やライン標示をいれて、工場のレイアウトを作成する。これは生産の計画をしたり、レイアウト変更を考えたり、緊急時のマップを作ったり、いろいろと利用価値がある。いきなり現場の床にペンキなどで書くと、生産の状況が変わった場合や、新製品が投入されて原材料の置き場を変更するときなど、訂正が必要になった時などに修正や変更が大変になる。しかし事前にこのマップを使用して、検討しておけば間違いが少な

くなる。

③製品によって工程が異なる場合は、製品ごとの工程経路を一覧にしておくと、間違いを起こしにくいし、工程経路を一覧にすることで、今まで気付かなかった思わぬアイデアが浮かんだりする。

④出勤日や休日、シフトを、ホワイトボード上のカレンダーに、マグネットを使って表示すれば、誰でも一目で勤務状態が分るし、変更なども簡単にできる。生産計画を作成する時などに便利である。

⑤製品毎に製造工程が異なる場合など、製品毎にラミネートした工程カードを作成して、製品と一緒に流せば工程の抜けや間違いがなくなる。ラミネートカードへの記入は、簡単に消せるマーカーを使用すれば、繰り返し使用できる。バーコードやコード番号を使用して、自動読み取りにすると便利が良いばかりでなく、読み取り間違いがなくなる。

図表3-23　ラインの状況を示すホワイトボード

図表3-24　通い箱の色分けと場所の明示

図表3-25　工程の目で見る管理

図表3-26　見えない場所のモニターによる監視

⑥５Ｓで説明した表示の看板も見える化のひとつの方法である。
⑦工程カードや製品を入れる箱などの色を、種類毎に設定して区別すると間違いを起こしにくい。
⑧標準作業書に作業の要領を書く場合、文章だけでなく写真や図などを利用してわかりやすく書く。
⑨重量や温度や湿度などを調整する必要がある場合、目盛りの設定すべきところに印をつけておくと分りやすく間違いにくい。（調整の見える化）
⑩食品工場では多くの容器（コンテナ）を使用するので、目的別に容器の色を変えると間違いにくい。

　特に食品原料には白色の粉状のものが多く、ひとたび容器などから取り出すとわかりにくい。また不良品箱は良品を入れる箱との混入を防ぐために区別しなければならない。通常は赤箱が利用される。
⑪書類などを入れる書庫も扉を透明にして、一目で何があるか分るようにする。
⑫ＴＶモニターや鏡（食品工場用にはガラスでないもの）を使用して、工場の見えないところの見える化をはかる。
⑬問題箇所があればデジカメなどで記録しておくと、後で検討するとき文字だけの記録より分りやすい。
⑭工場の稼働状況や不良率などの係数を、グラフにして掲示すれば作業者の意識が高まる。

8 食品工場におけるライン化・流れ作業方式

（１）ライン化

　アダム・スミスの国富論に著されたように、産業革命の頃、分業により工場の生産性は飛躍的に向上した。ところが分業は簡素化、標準化、専門化には効果的であったが、逆に単調化、固定化、部門間衝突などの問題を内包している。職場の組織の構造は分業と統合の枠組みと協業のための効率的な仕組みを持たなければならない。このような組織の効率的な協業のために、コンベアを持つラインがフォード自動車工場で1913年に採用された。今日においても多くの量産工場でライン化の方式は採用されている。流れ作業方式とはコンベアに沿って配置された作業者が、コンベアで運ばれる未完成品に対して、作業を次々に行なって連続的に生産をしていく方式である。多くの食品工場の生産設備はライン化され、ラインの効率的な運用こそは食品工場の生産効率の鍵とも言える。

(2) ラインにおける流れ作業

　流れ作業を行うためには、仕事をラインに配置された作業者に合理的に配分する必要がある。これを工程編成と呼び、効率的にラインを運用するためには、次のことに留意しなければならない。

Ⅰ．ラインバランス

①作業を作業要素に細分化して標準化する。作業のムラをなくし、標準作業に従い作業を行う。

②作業者の作業量（作業負荷）をできるだけ同等にして、ライン内の作業量のバランスを取る。

- ・このとき作業ごとの作業時間は、製品をラインに投入する間隔である、サイクル時間（タクトタイム）に近くしかもこれを超過しないことが必要である。
- ・事前にすべき先行作業などの順番などの制約に違反しないこと（順番を変えると製品ができない場合がある）ことが必要である。（例：焼いたパンに餡は詰められない）
- ・全ての作業が配分されること（作業に抜けがないこと）。

Ⅱ．工程編成

　工程編成を行なう目的はラインの生産性を最大化することで、具体的には次のポイントで考える。

①サイクル時間を固定して作業者人数を最小にする

②作業者の人数を固定化してサイクル時間を最短とする

Ⅲ．サイクル時間と手待ち時間

　サイクル時間は、製品がラインから送り出される間隔であり、ライン生産速度の逆数である。サイクル時間は、真の作業時間と作業をしていない手待ち時間の合計であるから、手待ち時間はサイクル時間から実作業時間を減じた遊びの時間である。従っていかに手待ち時間を減少するかが重要である。多くの食品工場で終業時間（予定）が分らないのは、この部分が曖昧だからである。

Ⅳ．要素作業と先行順位関係

　生産のために作業を行う場合、作業は小さな単位に分割することができる。これ以上分割できない作業単位を要素作業と呼ぶ。その要素作業を行なうのに必要な時間を、要素作業時間と呼ぶ。先行順位関係は、作業を行なう場合の技術的制約である。○に要素作業の識別番号である数字を入れたものを→でつなぎ、生産順位をPERT図で表すと分りやすい。作業標準を作成するにも有効である。

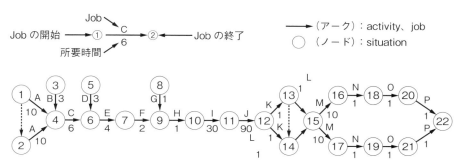

	作業	作業者（人）	所要時間（分）
A	卵白泡立て（メレンゲ）	2	10
B	チーズ・バター等の準備		3
C	メレンゲとチーズ等のミキシング		6
D	小麦粉の準備		3
E	粉あわせ		4
F	デバイダーへの生地の投入		4
G	シートを敷き天板の準備	1	1
H	生地の分割・オーブンへの投入		1
I	焼成（オーブン）	0	30
J	オーブンから取り出し・シートはがし・冷却	1	90
K	コンベアからシートをスライサー投入	1	1
L	カットしたシートをコンベアに戻す		
M	移動と包装機への運搬	1	1
N	包装機に投入	2×2	2
O	箱取り	2×2	1
P	製品倉庫に移動		1

①、②は約20分間隔で交互に連続的に実施される
⑬、⑭は約1分間隔で交互に実施
⑯、⑰は同時に稼働

図表3-27　ケーキ連続製造のPERT図

V. PERT

PERTはProgram Evaluation and Review Techniqueの略称であり、順序関係がある複数の作業で構成されるプロジェクトを、能率的に実行するためのスケジューリング手法である。1958年に米国海軍はポラリスミサイル開発の際に、日程計画管理法として民間企業とネットワークモデルによるPERTを考案した。それまでは後述する工程流れ図（ガントチャート）が利用されていたが、プロジェクトが大き

くなると全体を見通す事が難しい短所があった。

　PERTでは図表3-27のように、アクティビティ間に定められた遂行順序によってアクティビティを結び、アローダイアグラムを作成する。○に添えられた小さな数字は要素作業時間を示す。各々のアクティビティの最も早くできる最早開始時間と遅くとも開始しなければならない最遅開始時間と、最も早く終わることのできる最早終了時間と遅くとも終了しなければならない最遅終了時間を記入しておいて、これを計算することにより、

　①クリティカルパス（日程の余裕のないアクティビティのつながり）が分り、完了時間に強く影響する管理を重点的に行なう事ができる。

　②最早結合時刻によりプロジェクトの完了時刻の見積ができる。

　③アクティビティの所要時間が不確実な場合は、楽観値、悲観値、最頻値を見積ることで、完了の確立を算定できる。

（但し、ゴムバンドの強い食品の製造では、多くの工程で最早時間と最遅時間はほとんど一緒である。従って上のPERT図にはその記載はない。）

Ⅵ．作業場所と作業の制約

　大きなものを生産する時、両面に作業がある場合に一人で両面の作業をすることが非効率である時は、片面に一人ずつ配置する。このような制約を位置的制約と呼ぶ。特定の設備など位置で制約される場合は場所的制約という。顧客ニーズの多様化により、生産がますます複雑化している。そのため工程編成の労力と時間が増加する傾向にある。ラインで仕事を効率よく実行するには前述のように多くの条件を考慮しなければならない。これを解決するために、工程編成をコンピュータで行なうことが実用化されてきている。食品工場では他の工場に比較して、コンピュータの活用が相対的に遅れていると言えよう。食品の製造においてもコンピュータの一層の活用を考慮する必要がある。

9 IEとORの食品工場での活用

（1） IE（Industrial Engineering）

　工程管理において、製品や中間製品、部品を生産するための工程（作業）順を手順という。手順計画とは、製品等の形態、機能、性能、数量などの仕様を、検討して製作方法を決定し、作業内容を具体的に定義する計画であることは前章で述べた。その手順計画の目的は、①最適製造方法の決定・・総作業時間短縮、②製造方法の標準化・・工程作業安定、③作業分担の適正化・・各工程の作業時間の平準化

である。これらの作業手順を要素に分解し、時間をもとに作業、職場を管理する手法を確立したのが、テイラーの科学的管理法である。このように作業を合理的に行なうために、科学的に研究することを作業研究と呼ぶ。

作業研究は作業の生産性を向上させるための、工学（Engineering）として発達した。米国では動作時間研究、欧州ではワークスタディ（Work Study）と呼ばれる。作業研究は作業順序の研究と、作業時間の作業測定とで構成されている。米国のIE協会では「工学のうち、人、材料、設備の統合された作業システムの設計、改善、確立をすることを対象としたもの」を、IEと定義している。食品工場では作業の方法を作業者に任せっきりにしている例が多い。実際多くの工場で作業者は自己流で思い思いの作業をしていることが多い。4章の事例に挙げているように、作業はやり方で効率が大きく異なる。効率的な作業方法を研究して、標準化することで食品工場の生産性は間違いなく向上する。

＊IE（Industrial Engineering）：経営工学、「経営目的を定め、それを実現するために、(社会・自然的）環境との調和を図りながら、人、物（機械・設備、原材料、補助材料及びエネルギー）、金及び情報を最適に設計し、運用し、統制する工学的な技術・技法の体系」（JIS Z8141-1103）と定義されている。その備考に「時間研究、動作研究などの伝統的なIE技法に始まり、生産の自動化、コンピュータ支援化、情報ネットワーク化の中で、制御、情報処理、ネットワークなどさまざまな工学的な取り入れられ、その体系自身が経営体とともに進化している。」と記されている。

(2) OR（Operations Research）

第二次世界大戦中に、英米で軍事上の問題を解決するためにORが生まれた。この場合のOperationとは、英語で作戦或いは軍事行動のことであるが、大戦後、産業上の問題、特に生産管理に関することに、ORは応用されるようになった。代表的な例は①生産計画問題（装置工業の生産計画、石油精製工場）、②複数の工場から多数の消費地に製品を供給する問題（輸送費を最小にする）、③数期間にまたがる生産・在庫問題（生産になるべく近い期間に販売する）、④配送センタ設置問題（配送センタから店舗までの輸送費の最小化）、⑤部品・半製品の所要量計算（MRPの元になる考え方）、⑥スケジューリング（総処理時間が最小になる仕事の順序）などがある。

メイクスパンを短縮することにより、食品製造業は生産効率が上がることが確認されている。その意味でもORの機能の一つである、スケジューリング機能は食品製造業にとって極めて大切である。生産計画が複雑な食品製造業は、早急にスケジューリングの効用とその価値を再認識する必要がある。多くの食品企業でいわゆるぶっつけ本番生産が横行している。特に年末の繁忙期の生産計画など、せいぜい

昨年対比くらいの予想で作り、それを基に作業をしている場合が多い。正確な情報によるシミュレーションなどを実行してみる余地はある。

10 かんばん方式とJIT

次に極めて有名なトヨタ生産システム（TPS）について述べてみたい。トヨタ生産システムの名前は有名ではあるが、現実には食品産業のみならず、トヨタ生産システムの本質について、一般的に理解されているとは言いがたい。トヨタの副社長であった大野耐一氏により発展された、トヨタ生産システムはかんばん、アンドン、シングル段取り、生産の平準化、1個流し、多工程持ちなどの種々の手法から成っている。ここではトヨタ生産システムの二本柱（かんばん方式、あんどん方式）の一つである"ジャストインタイム"におけるかんばん方式について詳細に述べてみたい。

（1）かんばん方式

売れる物を売れる時に売れるだけ作れれば、無駄な物も作らずかつ欠品も生じずに理想的な生産と言える。その理想実現のために、JIT（ジャスト イン タイム）は必要な物が、必要な時に必要な量だけ、ラインサイドに到着する作り方である。そのJITに欠かせないのがかんばん方式である。もとはアメリカのスーパーマーケットの、商品の仕入にヒントがあると言われている。売れた品物を売れただけ仕入れることで、死に在庫を防止することができる。このような考え方でトヨタ生産システムでは、製造において「後補充」（部品在庫が減った分だけ部品を発注・補充して元の在庫の量に戻すこと）で上流工程から部品の補充を行うことを原則としている。

ジャストインタイムは、トヨタ生産方式の重要なコンセプトであるが、今ではこの言葉はトヨタ生産方式：米国ではリーン（Lean：贅肉のない）生産方式と同義で使われている。これは今までの管理部門が作成した生産計画を、全工程に一斉に伝え指示する「押し出し方式」（プッシュ・システム）とは、全く異なる生産方式である。このシステムの基本は「後工程引き取り」、つまり「下流工程が必要な部品を必要なだけ上流工程に取りに行く」というやり方である。後工程から引っ張るという意味で、「引っ張り方式」（プル・システム）とも呼ばれる。

最終製品の保管してある倉庫の製品に、かんばんを付けておき、製品を出荷したらかんばんを外し、外したかんばんの分の量だけ、製品を生産して補充する。製品

を作るための部品にも、かんばんを取り付けておけば、製品を作っただけのかんばんが外れ、そのかんばんの量だけ、前工程に部品を取りに行く。これを繰り返せば、最終製品から部品に至るまで、かんばんにより市場の需要に連結されて、ジャストインタイムで生産する事ができる。

(2) かんばん方式生産を行うための平準化の条件と効果

　この方式は後工程には都合の良い方法であるが、即納しなければならない物の種類や量が大きく変わると、前工程はそれに見合う在庫を持っておかなければならず、在庫が膨れ上がってしまい大きな問題になる。従って多くの食品工場では導入は難しい。これを避けるためには、後工程は前工程から引き取る品目、数量を一定の変動枠内で平均化する必要がある。すなわち生産の平準化である。

　①生産リードタイム：生産の平準化をできるだけしても生産量の変動は必ずあるので、前工程は、後工程から引き取り要求される品目に対して、必要数を短時間で生産して供給しなければならない。即ちその為には前工程は生産リードタイムを短縮しなければならない。ところが現実には、生産リードタイムのうち、実際の加工時間は極めて短く、逆に滞留時間が極めて長い場合がある。

　②滞留時間：従ってこのような物については滞留時間を如何に短縮するかが重要である。食品の場合は、パンや生菓子、生麺、練製品、豆腐など、投入から最終製品まで、ほとんどの場合24時間以内のリードタイムで行われる。日配製品にはこのように滞留時間はほとんどない。しかし、ジョブショップで生産され、保存性の高い中間製品を作って保管後最終製品にする物、例えば、香料、添加物、調味料、冷凍生地などには、保管と言う名前の滞留がある事を忘れてはならない。リードタイム短縮のためには、保管中である物に対しても十分注意しなければならない。

　③生産ロット：滞留の原因は部品や中間製品を大ロットで生産し、後工程に運搬することが原因であることが多い。従って生産ロットを小さくする、あるいは運搬のロットを小さくすることで、この滞留時間を短縮する事ができる。しかしいくら小ロットで生産、運搬をしても、次工程での生産速度と合わなければ、後工程の前に仕掛在庫が溜まっていくことになる。

　④工程と後工程の同期化：この様な状態を避けるには、前工程と後工程を同期化させて、入荷した部品を滞留することなく、生産する事ができるようにする必要がある。食品製造の場合は工業製品と異なり、原材料に季節性がある物もあるし、天候により相場の変動が大きい物もあるので、原材料を一度に仕入れなければならない物が比較的多い。それでも効率的な生産を行う為には、生産の平準化は必要であ

るから、できるだけ平準化の原則を意識して生産活動を行わなければならない。

⑤運搬時間の短縮：運搬ロットを小さくすると運搬回数は増え、荷の積み降ろしに時間が掛かる。従って運搬時間を短縮するには、運搬距離の短縮、荷の積み降ろしの時間短縮を図る必要がある。生産ロットを小さくすると、生産設備を共用している場合は、品種の切換の段取り替えが多発する。

⑥段取り時間：従って段取り時間の短縮が必要になり、作業改善や治工具の改良が有効になる。

⑦製造設備を工程順に接近：工程の同期化を図るには、製造設備を工程順に接近して配備して、工程間の生産速度を同期化し整流化をおこなう必要がある。各工程の生産速度をタクトタイム（製品1個を作るのに必要な時間）に合わせるために、作業や設備を改善して調整する。

今までに著者が指導した食品工場の中には整流化を予定した時間通りに生産することと勘違いして、多少の作業遅れがあっても予定どおり生産が進行するように、最初から充分な時間的ゆとりを持って生産スケジュールを立てていた例があった。整流化とはあくまで連続した各工程の生産を、円滑に効率良く行う為のものであるから、予定時間通り生産するという単なる時間合わせではない。

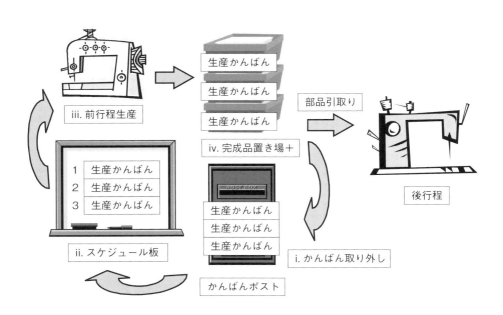

図表3−28　生産かんばんの例

（3）かんばんの種類

トヨタ生産システムにおけるかんばん方式に用いられる、かんばんには以下のような種類がある。

Ⅰ．生産指示かんばん

①生産（仕掛）かんばん

製造工程に対してコンテナ単位で、生産指示するために使用される。機械加工や、組立ラインでよく使用される。生産かんばんの使用例を簡単に書くと、

　ⅰ．後工程が前工程の部品を引き取りに来たとき、部品箱から製品かんばんを外して、外したかんばんをかんばんポストに入れる。

　ⅱ．かんばんポストに入った生産かんばんは、前工程により定期的に回収され生産順にスケジュール板に掲示される。

　ⅲ．スケジュール板の順番に沿って、前工程はかんばんの枚数に対応する量の生産を行う。かんばんは最初のワーク（製品）に付けて生産工程に流し、製品と共に後工程に届く。

　ⅳ．生産が終了した部品は、部品箱に生産かんばんを付けて、完成品置き場に置く。

生産量に応じてⅰ～ⅳは繰り変えされる。

②信号かんばん

生産工程に対して、一箱ずつでなくロット単位でどのタイミングで作るかの信号を出し、生産指示するために使用される。いわばフォーキャストである。段取り時間に比べて加工速度が速い、プレス工程や成形工程などでよく使用される。信号かんばんには、部品在庫の減少により生産指示するタイミングの発注点と、発注量であるロット数が記載されている。生産に時間のかかる中間製品などを外注する場合、これを利用すると円滑に納品される。

③材料かんばん

信号かんばんにより生産指示がなされるが、生産開始までに材料が揃っていなければならない。材料かんばんを使用して、信号かんばんの指示の前に材料工程に生産指示をする。材料かんばんには、信号かんばん同様に、発注点とロット数が書かれている。

Ⅱ．引取りかんばん

①引取りかんばん

引取りかんばんは自社内の前工程から、材料や部品などを引き取る指示のために使用され、部品がどこからどこへ引き取られるのかの前後工程に関する情報が書い

てある。

②外注かんばん

　外注かんばんは発注企業が外注先であるサプライヤーから、材料や部品などを引き取るための指示に使用される。サプライヤーに関する情報・部品情報・発注企業の納入場所などの、情報が書かれている。このほか発注企業と受注先である外注企業との間で決めた納入時間、両者できめた納入サイクル、管理番号、納品時に運搬していく場所・納入ストアの棚、受け入れ場所などが記載されている。

（4）かんばんの記載情報

　かんばんは原則として、仕掛品 n 個入ったコンテナ（通い箱）と共に動く。コンテナ、かんばんは上流工程、下流工程を行き来して繰り返して使用されるが、コンテナとかんばんは表裏一体であってコンテナ数Mとかんばんの枚数Mは等しい。これは物（部品）と情報（かんばん）の同期化が実行されていると言える。部品と共に移動するかんばんによって、「現品管理」されている事と同じになる。

　「かんばん」とは納入指示（発注）に使用される「引取りかんばん」や、生産指示に使われる「生産（仕掛）かんばん」などがあるが、典型的なものは縦9cm、横20cmくらいで、ビニールのカバーで密閉されている繰り返し使用可能なカード（循環する伝票）である。最近では、「後補充の原則」は守りながらも、かんばんの還流に代わって通信ネットワークなどを使って、納入指示・生産指示をおこなう「電子かんばん」が徐々に増えている。「Kanban」は英語でそのまま通じるほど、国際的にも有名になった。かんばん方式の効果を耳にして、既存の仕組みのまま仕

納入時間	受け入れ部品置き場	受け入れ企業名 事業所名
	バーコード	
納入メーカー名	部品コード	
納入サイクル　部品背番号　部品名	コンテナ当たり 部品収容数	納入先の 受け入れライン

図表3-29　かんばんの記載例

組みを変えずに「かんばん」だけを導入しても、うまくいかないことは明らかである。

トヨタ生産システムの、体表的な管理手法であるかんばん方式を取り上げてみた。このような考え方は、いかなる工場でも当てはまると考える。例えばサイロに入った小麦粉や、タンクの中の油脂などに対して、かんばん方式を導入することは難しいと思うが、生産に当たってコンピュータを利用して生産予定の製品の所要量計算を行なって、ロット付生産の概念を入れれば、これに近い管理は可能であろう。この場合輸送に使われるタンクローリーの台数がかんばんの枚数と考えることもできよう。

11 食品工場における 無駄・平準化

（1） 無駄

製造現場における作業には、製品の製造や加工などの正味の作業（付加価値作業／労働と呼ぶ）と、付加価値を生み出さない作業や無駄が多くある（これらを筆者は非付加価値作業／労働と名付けた）。製造現場においては、作り過ぎの無駄、手待ちの無駄、運搬の無駄、無駄な加工、在庫の無駄、動作の無駄、不良の無駄、材料の無駄、エネルギーの無駄、労力の無駄などがある。これらの発生する原因を分析し、無駄の原因を除けば作業能率を向上させる事ができる。工場内の無駄な作業（動き）を、価値を生む働き、付加価値が増加する作業に変えるために、工程改善や作業改善を推進しなければならない。手法としては前項で述べた、作業研究などIEの手法を用いる。

食品の需要は景気の状態や天候の変化などの自然条件によって変動するために、工場における生産量もそれにつれて変動せざるを得ない。もしも生産量のピークに合わせて、労働力、設備、原材料などの生産資源を準備すれば、通常時にはピーク時と通常時との差分は全て無駄と見なすことができる。このような余分な生産資源により、手空き、過剰設備、余剰在庫が発生し、経営的な損失になる。

無駄の中で最も注意すべきものは、特に作り過ぎの無駄である。作り過ぎの原因としては、余剰な労働力、生産負荷の変動、生産調整の決断回避、ラインストップの不安、需要の誤った増加予測、後工程への配慮などが考えられる。作り過ぎの無駄は在庫、運搬の無駄を発生させるのみでなく、工程や作業の問題点を見えなくさせる弊害を起こす。生産性向上の名目で生産量を増加させ、売れない製品を作り貯めしても、無駄が発生するだけで意味がない。

（2）平準化

　変動する要求に対する生産の変動を抑えるために負荷変動の抑制を図り、生産に必要な原材料などの使用量の変動を、抑制する目的で平準化生産が行われる。平準化とは作業負荷を平均化させ、かつ前工程から引き取る部品の種類と量が平均化されるように生産する行為である。

　工程の流れを平準化するには、種々の生産のための中間製品や部品などが、迅速に生産、運搬される必要があり、そうでなければ円滑な最終製品の生産はできない。現在のような買い手市場においては、需要者が生産すべき量を決定するので、需要を引き金とするプル生産方式を取らないと、需要変動による過剰在庫の危険がある。しかしプル生産を円滑に行なうためには、生産リードタイムが充分に短縮される必要がある。もしも生産のリードタイムが長ければ、プル生産方式において、後工程の生産の変動に前工程が追従できずに、生産に不規則なうねりが生じ製品の生産が円滑に行えない。

　平準化生産のためには、量の平均化と種類の平均化が必要である。タクトタイム*とは、タクトタイム＝１日の稼働時間÷一日当たりの必要量であるので、一つのものをつくる時間をタクトタイムということになる。量の平均化とはタクトタイムと生産個数との積を、生産ラインの１日の能力に対して適切にバランスをとって生産することである。

　種類の平均化とは、製品により作業負荷の違いがある場合、負荷の大きさを考慮して、例えば負荷の大きな製品を連続して流さないなど、連続間隔条件が作業負荷算定と現場の経験を元に平準化の条件として考慮される。量や種類の平準化は材料や中間製品の引きの平準化と、作業負荷の平準化のために重要である。アイスクリームや冷凍パン生地など、保存できる製品の多品種生産ラインでは、平準化生産の概念は生産量を平均化して円滑で効率的な生産のために有効であろう。短期受注による日配食品の生産の平準化は難しい。

＊タクトタイム：　１個のものをどれだけの時間で作れば間に合うかという時間。

12 あんどん方式

　トヨタ生産システムの二本柱、かんばん方式とあんどん方式の一つである。豊田佐吉以来の思想である、「異常*が発生したら自働的に止ま（め）る」の"自働化"の考えによるものである。異常があったら止ま（め）るためには、まず異常を顕在

化させ・気付くことが必要になる。ただ良いタイミングで、発生した場所において、適切に異常を顕在化させることは案外難しい。一般に異常は悪いことだと考えてしまいがちで、時として異常を申告した人を叱るようなこともあるが、異常を顕在化させるためには、そんな事をしてはいけない。ラインの異常は何らかの原因により、引き起こされるものであり、あんどん方式では種々の原因による異常を、ラインの停止という手段により、場所と原因と重要度を顕在化させることができる。

（1）あんどん方式のしくみ

あんどん方式の概略的な仕組みを説明する。生産ラインの作業者の作業位置毎に、ストップボタンと呼ばれるスイッチが取り付けられており、作業に異常が起きると作業者はこのストップボタンを押してラインを止める。このとき作業者の頭上にあるランプが点灯し、警告音も合せて発せられる。このランプをあんどんに見立て、この仕組みはあんどん方式と呼ばれる。ライン異常が発生し作業者がラインをストップさせると、このラインの班長が即座に飛んできて、停止の原因を取り除きライン停止を解除し生産を再開する。

この場合このラインの停止を、解除できる権限を持っているのは、このラインの班長だけであり、他のものにはライン停止解除の権限は無い。ライン停止解除に当たって、班長はいくつか設定された停止原因のカテゴリー別（例えば作業遅れ、部品不良など）のボタンを選び、そのボタンを押して解除する。この停止から解除にいたる時刻の間、ライン毎に設置されたボードに取り付けてある時計は時を刻む。この時計はストップ時計と呼ばれ、当日の作業開始時には0時に合せてあるので、もしもラインが5分間停止すれば、この時計の時間は0時5分となる。このようにラインの各作業者の位置で、異常の発生の都度、ストップボタンが押されるとラインはストップする。その度に班長によりストップ解除が行われるまでの時間が加算される。こうしてこのストップ時計の時間は進み、常に当日のラインの停止時間の合計時間を示している。

ラインのボードのストップ時計の隣に、当日の生産計画台数と時間計画台数と実際台数を表示するカウンターが設置されており、一目で生産の進捗の予定に対する早い、遅いの状況がわかる。すなわちその時点での、生産計画による生産予定数と、実際の生産台数が表示され、予定と実際の進捗状況の差が一目で分るように「見える化」されている。

＊異常：いつもと違う、正常ではないこと

(2) ライン停止の原因の分析と対策

　異常発生による停止状況は、工場事務所内のコンピュータと接続され集計されている。あんどん方式によって集計されたデータを解析することにより、ラインストップの作業位置と回数（頻度）、時間の長さ（重症度）、その原因などが分る。ラインストップの原因は直ちに（できるものは即座に、対策に必要な時間により対策導入日時は異なる）生産の現場にフィードバックされて、異常発生の原因を改善することにより、生産性の向上を図る。また問題の種類により、製造現場で対応できないものは、設計部門、生産技術部門、生産部門、資材部門、品質管理部門などが原因を除き改善される。

(3) 生産性は無限に向上する

　ラインのストップが全く発生しなくなっても、ラインが理想的な状況になっているとは限らない。多くの食品工場でラインストップ（異常）が発生しない事が、最善の生産状態であると誤解している。FPS*（TPS）ではこのラインが停止しない状態は、ラインにゆとりがあると考える。このような場合は一日当たりの生産数の増加（タクトタイムを短縮）をする、或いは作業者を減少することで、ラインに追加の負荷を与えて、新たな問題を発生させ、改善することを際限なく繰り返す。

　「問題がない事が最大の問題である」の考えの元に、常に問題が発生するように適切な負荷をラインに掛け続ける。そして発生した停止の原因の改善を行い、継続的にラインの生産性を向上させる。このように発生する、停止という問題こそが、改善につながる糧であり種であり宝である。問題が無ければ改善はない。問題を表出させる手段さえ持てば、工場から問題がなくなることはない。これが「工場は宝の山である」と言われる所以である。あんどん方式はその問題を表出させる手段である。

　ところが多くの食品工場では、生産において異常が発生しないことが、最善の生産であるように誤解されている。勿論大きなトラブルが発生することは良くないが、完全な安定（何もない）状態では、生産性が向上しないことを理解すべきである。このように常に異常の改善は継続的に行なわれるべきであり、もし新たに異常が出なくなった場合、何もしなければ緊張が緩み元へ戻る可能性もある。そのような状態を直すことも、新しい改善と同じ評価があり改善に限りは無い。異常の顕在化は改善の元であり、工場における宝といって言ってもよい。このように連続的に

＊FPS：Funai Production System

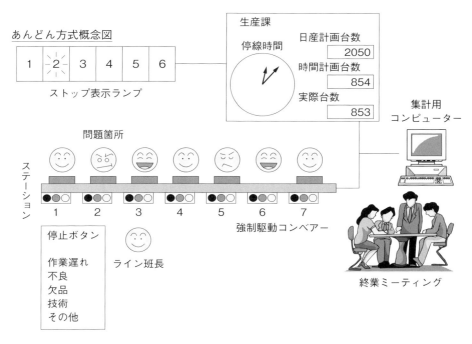

図表3-30　あんどん方式概念図

生産性を向上させる、これが生産性は無限に向上すると表現される。

ただしこの場合には、作業者に過剰な負荷の増大がないように、作業方法の改善などの工夫が、継続的に行なわれることが前提である。もしそうでなければ、この方法は作業者の能力の限界に達し、破綻をきたすことも忘れてはならない。

13 食品生産のスケジュール

生産計画を実行に移す時に、最も注意を払わねばならないのは日程管理である。生産に関わる機能別の分業を、日程計画によって統合することができる。機械と作業者が揃っていても、材料がなければ生産できないし、早く持ち込めば仕掛や在庫が増えてしまう。ジャストインタイムの考え方にあるように、原材料、部品、包材など生産財を必要な時に、必要な場所に、必要なものを、必要な数だけ供給できなければ生産スケジュールは成立しない。

（1）スケジューリング問題

この日程管理を行なうのがスケジューリングである。受注などの条件をもとに生産計画を立てるが、これを基に、それぞれの工程ごとの計画にまで落とし込む。予定された仕事を決められた制約条件（製造条件、製品仕様、出荷時間など）を守り、工程に流す順序ごとに、資源（生産設備、人員など）に割り当てて、生産の計画をすることをスケジューリングと言う。

このとき製粉や油脂のように保存できるものと、パンや豆腐のような鮮度を求められる製品では、生産計画の段階で考え方が異なる。前者は受注状況に合わせて、生産日を調整することができる。しかしパンのような日配食品は、生産日の調整はほとんどできない、受注に合わせてやり仕舞いで、とにかく生産をしなければならない。中華生麺のように生産後、出荷まで熟成をとる必要があるものは、多少の日数の調整ができるので、これらは中間的な生産計画が立てられる。また水産加工などで前浜物（地元の鮮魚）を使用する場合は、生産計画よりはその日の原料（鮮魚）の入荷状況に左右される。冷凍物を使用する場合は、原料在庫があるので生産計画は可能である。いずれの生産形態であっても円滑に、効率よく生産するためには、日程計画（スケジューリング）が必要になるが、これに案外無頓着な食品工場が多いのが実態である。

パン工場を例にすると、製造工程は生地仕込み、発酵、成形、焼成、仕上げなどの、工程で構成されている。パン製法は、パンの種類による特性や条件などにより選択されているため、生産数が変動しても、パンの種類ごとに一般的には製法は定められており変更できない。各工程における作業に必要な時間は製法によって異なり、生産数（ロットサイズ）によって所要時間が変動する工程と、時間が一定の工程がある。

発酵時間のように短縮できない（時間が一定）工程を持つパン製造においては、生産のリードタイムの短縮はほとんどできない。しかしどのような順番でパンを生産するかにより、作業全体の終了時間や仕事の流れ具合は変化し、切り替え時に発生するアイドリング時間により、その日のメイクスパン（生産所要時間）は大きく変わる。パン工場以外にも、水練り工場、菓子工場、麺工場など一定のリードタイムを持つ食品を生産する工場は、多品種少量生産型の食品工場に多い。

Ⅰ．食品工場のスケジューリングの条件

前述のように、食品の製造においてはリードタイムの短縮は難しい。多品目の製品を効率よく作るためには、メイクスパンを短縮あるいは一定のメイクスパンでできるだけ多く生産するように、アイドリング（ラインが停止状態）を最小とする生

第3章　食品工場の生産性向上の手法　　これが生産性向上の鍵

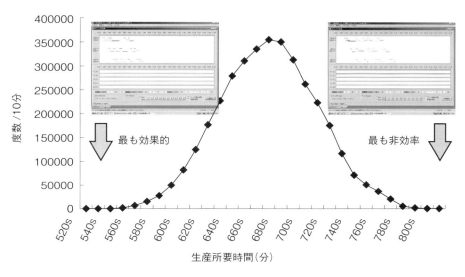

図表3-31　生産時間のヒストグラム

産順序を考えなければならない。しかし多品種の場合その生産順は膨大な数に上る。ちなみに10品目の生産をするとその生産順序は約360万通りあり、15品目であると1.3兆通りになり、50品目を越えるとまさに天文学的数字の順序が生じる。生産順による生産所要時間の分布はヒストグラムに示されるように正規分布に近い分布をしている。

　それだけ生産所要時間の短い合理的な生産順を見つけることは難しいことが分る。従って、毎日変動する受注数、新製品や廃止品など、めまぐるしく変わる生産指示に対して、人の力で的確な生産スケジュールを作成することは不可能に近い。図表3-31中のコンピュータ画面中のガントチャート*に注目すると、メイクスパンの長短はバーで示した各工程の実稼動時間ではなくて、バーとバー間の無地の部分、すなわち段取り時間の長さによる事は明白である。納期やその他の制約条件により、無論現実には可能な生産順序は制限される。しかし数十品目になると天文学的数字になるし、これらの制約条件がスケジューリングを困難にする。そして、生産スケジューリングが困難であることが、食品製造の製造現場で必要以上のアイドリング時間を発生させ、低生産性の原因になっている。

＊ガントチャート：生産資源或いは加工対象別に示された作業日程計画、夫々の作業と実施の時期を図示

Ⅱ．メイクスパンの短縮の原理

　フローショップの食品生産では、なぜメイクスパンを短縮する事が難しいか考えてみよう。製品の工程の流れはアドリブ*のガントチャートを見ると、図表3－32のように階段状になっている。その理由は食品のフローショップ生産では、工程間の結びつき（ゴムバンド）が強いので、各工程段階が階段状に結合しているからである。あるラインで多数の製品を作っているとする。夫々の製品は、例えば製品Aのように生産段階の初期には時間が掛からないが、後半の生産に時間が必要な物、製品Bのように反対に生産初期に時間がかかり、後半は短時間で生産できる物、製品Cのように全体的に短時間で生産できる物（短いリードタイム）、製品Dのように生産所要時間（長いリードタイム）のものが混在している。これらが順番に生産されると、通常は図表3－33のような状態になっている。

　灰色の部分がアイドリング状態であるが、この部分が狭くなる様に間隔を詰めていっても、図表3－34の状態が限界である。これより実際のメイクスパンが短くできたとすれば、作業標準が守られていないことに他ならない。例えばパン作りで言えば、発酵を抑えるためにホイロから早く出したり、発酵の若い状態でオーブンに投入するなどである。経験と勘で運営されている製品の品質が、不安定になる原因はここにあると言っても過言ではない。しかし生産順序を変えると、標準作業条件を遵守して、メイクスパンを短縮できる。図表3－35は理想状態であるが、原理的には生産の順序を変えることにより、アイドリングタイムを減少させ（この例では無くなり）、メイクスパンを短縮できる。

＊アドリブ：筆者らの開発したMES・APS生産管理ソフト。

（2）スケジューリングの分類
Ⅰ．ジョブショップとフローショップのスケジューリング

　スケジューリングは生産だけではなく、毎日の仕事のスケジューリング、列車の運行ダイヤ、配送スケジューリングなど様々ある。スケジューリングの分類については図表3－36に掲げた。生産を予定している製品やジョブ（仕事）の、加工順序に従って生産設備を配列して、それを用いて加工対象物を生産する、物的システムの構成をフローショップと呼ぶ。食品製造業においては、代表的なものとして高度に機械化された食パンラインのようなラインがある。このような生産設備で加工時間短縮を考えて、投入順序を決定することを、フローショップスケジューリングという。

第３章　食品工場の生産性向上の手法　これが生産性向上の鍵

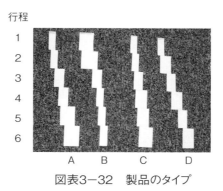

図表3-32　製品のタイプ

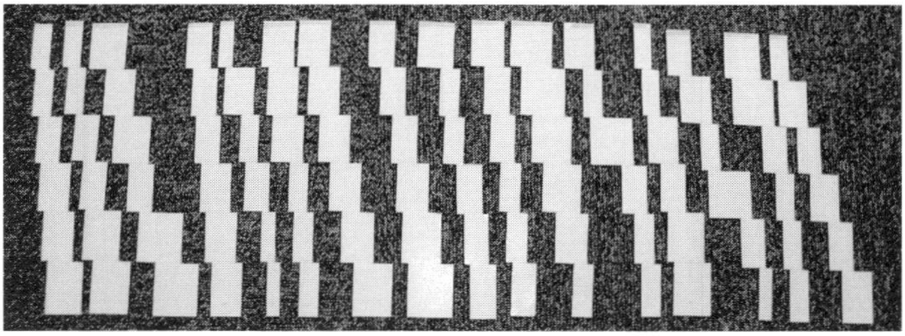

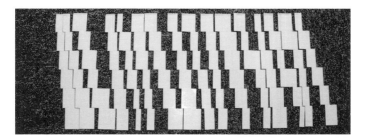

図表3-33　通常の生産状態

図表3-34　できるだけアイドリングタイムを短縮した場合

図表3-35　生産順を変更してメイクスパンを短縮した場合

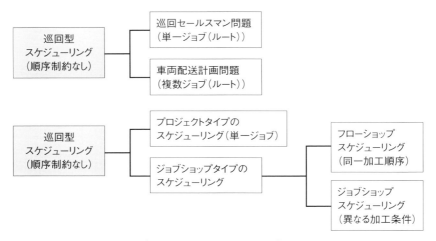

図表3−36　スケジューリングの分類

　加工対象物によって加工順序が異なる場合は、フローショップのような生産設備の配列は用いられない。加工対象物はそれぞれの加工順序に従って、生産設備に搬送されて加工が行なわれる。この場合生産設備ごとに、生産の順序を決定する必要があり、ジョブショップスケジューリングと呼ばれる。フローショップに比べて複雑になる傾向にあるが、ゴムバンドが弱く、自由度が高い。典型的なジョブショップとしては、機械メーカーの機械加工工場があるが、ペストリー、ケーキなど雑多な商品をつくる、ライン化の進んでいない手作り作業の多い食品工場はこれに近い。

Ⅱ．フォワード・バックワードスケジューリング

　日程計画の計算には、原材料の投入から完成品まで、順次生産の流れに従い工程作業の完了日程（時間）を計算していくフォワード・スケジューリング法と、生産の流れに逆行して完成品の納期から順次工程をさかのぼりながら、作業の着手日程（時間）を計算していくバックワード・スケジューリングがある。前者は最初の工程の開始時間を一定にして総所要時間最小、すなわち早く作業を完了させるように前詰めでスケジューリングをおこなう。後者は納期が厳しい場合、納期を最初に決めておいて所要時間最小に計算する、後詰めでスケジューリングする法である。食品製造業のように、リードタイムが短く生産量の変化などが多い工場では、バックワード・スケジューリングがよいが、出勤時間がまちまちになるなど勤務条件などによって、導入が現実的でない場合がある。

（3）スケジューリングの制約

　例えば全ての仕事ができるだけ早く終われば良い。総所要時間（メイクスパン）最小という目的だけでなく、対象となる工程を最短にしたり、工程の効率すなわち稼働率や平準化を向上させたり、滞留時間を短縮したり、あるいは納期などが厳しい場合には、納期遅れを最小にすることを目的とするなど、他の目的を重視する場合もある。これらのそれぞれの目的評価基準に対して、それぞれ重み付けを加えた複合の基準を用いることがある。これを多目的スケジューリングという。

　実際にスケジューリングをする場合には種々の制約があり、代表的な制約を図表3－38に示した。制約の数が増えれば制約を満足しているか、チェックする手間がかかるが、逆に制約をうまく利用すれば、制約により自由度が下がり、スケジューリングの解法が容易になる場合もある。食品工場に特有な制約として、図表3－37の制約のほか、色の種類や濃淡、香りの種類や強弱、混ぜ物の種類などの他、材料の原産地やアレルギー原因物質などもある。これらの制約条件がマーガリンの生産などでは、洗浄時間に影響を与え生産計画を複雑にしている。

（4）スケジューリングの方法

　スケジューリングはどのようなものでも、工程へのジョブ（仕事）の割付を行なう、組み合わせ最適化の問題と捉えることができる。多くの工場では過去に蓄積された経験と勘をもとに、工場長やベテランの職長が作った大まかな生産順にしたがい、いわば成り行きで生産されている例が多い。食品の生産ではリードタイム短縮が難しく、メイクスパン短縮の方が効果的である、食品工場の生産性が向上しない

制約の種類	項目	制約の種類	項目
目標	納期	因果関係の制約	加工の代替案
	現場の安定性		機械の代替案
	シフト、残業		必要な工具類
	費用、利益		資材所要量
	生産性の目標		加工所要人数
	品質目標		搬送時間
	生産数量	稼働率、利用率の制約	使用資源の予約
物理的制約	機械、設備の制約		機械故障時間
	加工時間		シフト
	段取り時間	選好に関する制約	オペレーションの選好
	製造方法		機械設備の選好
	製造順序		加工順序の選好

図表3－37　制約条件

原因は、この成り行き生産にあるといっても過言ではない。

　スケジューリングにコンピュータシステムが、導入される例が今後は増えると予想される。コンピュータ利用の解法は大きく分けて、（1）一定のアルゴリズムで解く方法、（2）実際の生産プロセスをモデル化し、シミュレーションにより解く方法、（3）マン‐マシンインターフェースを用いて人間の意思決定を支援し、最終的には人間の判断に基づき、スケジュールを決定する方法がある。スケジューリングには種々な方法・考え方があるが、生産の最適な組み合わせを計画し、生産性向上に繋げなければならない。スケジューリングに用いる、コンピューターソフトはスケジューラと呼ばれる。

14 IT　食品製造業向け生産管理ソフト

（1）食品製造業のIT化必要性

　食品製造業分けても、低生産業種食品製造業のITの導入は、他の製造業に比べて遅れている。原因は経営者のITへの関心の低さ、従業員のITリテラシーの低さ、食品製造業に適合するソフトの少なさなどである。食品製造業に必要なソフトとは、どのようなものであろうか。一つには食の安心安全により、要求されるトレーサビリティがあろう。これに関係する表示ラベルの作成ソフトもある。製品の納入先より貸与される場合もある。これらは必要なものであり効果的である。食の安心安全に加えて、製造業中最も低い生産性の食品製造業にとって、喫緊な課題として生産性の向上が有る。食品製造業の生産性向上に、有効なソフトが必要だと考えている。このような考えで、筆者らは食品工場用の生産性向上を指向する、生産管理ソフト「アドリブ」を開発したので紹介したい。

（2）食品製造業における経験と勘

　これまで食品製造業では経験と勘を重要視し、これを肯定的に捉えたため製造条件の標準化への取り組みが遅れてきた。そのため製造条件などが安定せず、製品の品質や生産効率だけでなく、安全が確保できない状況が起きることすらある。高品質で衛生的な食品を製造するためには、合理的な製造基準を守って効率的に食品を製造することが必要である。

　食品は他の工業製品にはない、腐敗変敗など不安定な特性を持つために取り扱いが難しい。加えて日配製品と呼ばれるパン、菓子類、麺類、水産練り製品、惣菜・弁当などは、新鮮な物を供給する必要があるために、販売店に即日に届けねばなら

ない時間的制約がある。これらの商品は工場当り100種以上も作られることも多く、複雑な上に時間的制約もあり、生産計画を立てることは容易ではない。

　特に昨今、コンビニエンスストア（以後コンビニ）が隆盛になり、コンビニ側から1日当たり数回の納期を要求され、同じものを1日に何度も作るなど、日配食品の製造現場は複雑を極めてきている。このような複雑な状況の中で、従来の経験や勘に基づく生産管理では、効率的な生産は限界に達している。安全な材料を使用しても、安全な製造（加工処理）ができなければ、安全な製品はできない。従って安全な製品を生産するためには、安全な材料を使用するだけでなく、合理的な製造基準を確実に守らなければならない。これまでの経験と勘の生産では、製造条件に揺れが生じることを前提にして、経験と勘で調節しながら生産するために、製造条件は不安定になりがちで、時には安全な食品を作る製造条件が維持できない可能性もあり、生産性も低くなっていた。

（3）経験と勘からの脱却の必要

　食物は元々動植物生体であり、成分的に不安定で発酵や腐敗などの生物化学的特性を持つために、工程的にも生産工程間のゴムバンド（結びつき）が強い。既に述べたように、例えば充分に膨らんだパン生地は、直ちに焼かないと膨らみが萎んでしまう。同様な問題に水練り製品の坐り現象がある。

　このような特性の為、工程間で時間調整をして、設備機械や労働力など生産リソースへの負荷集中から避けることは実際に難しい。製造現場ではパン生地をホイロ（パン生地を膨らませる室）から早めに出し、少し若め（発酵不足）で焼く、生地の状態を見ながら仕込むなどの操作が行なわれている。このような操作をうまく行なうことを経験と勘と呼び、ある種の技術として肯定してきた部分もあるが、これが生産を不安定にしているのも事実である。

　もしもこのような操作を、充分な経験を積んでいない者が行えば、品質低下や食品事故を起こす可能性がある。食品製造業の従業員の勤続年数が製造業中最短であるので、今後経験と勘で工場を管理することには限界がある。食品の生産は流通からの要求もあり、今後より複雑になるであろう。従って安全な製品を確実に製造できる、製造基準を遵守した生産スケジュール作成が必要となる。短時間で理想的なスケジュールを作成するには、スケジューラの活用は将来必須であろう。

（4）食品工場の生産性の現状

　生産管理システムは経営管理面においても極めて重要である。食品製造業の従業

員1人当たり付加価値金額は製造業全体の平均の約60％にしかなく、記述のとおり製造業の中で極めて低い分野である。食品工場は生産性向上の面では、ほとんど足踏みしている。しかし、このような現状について、業界では余り認識されていないようにも感じる。

　米国の2000年以降の生産性向上の原動力は、IT経営活用によるものが大きいと考えられている。また日本の生産性を向上させるためには、生産年齢人口の減少からも、生産性の低い産業から高い産業に労働者を移動させるべきだという提案もある。マーケットである消費人口の減少とともに、労働力の確保は将来の食品産業にとって厳しい状況が予想される。このような状況を避ける為にも、IT経営の導入により生産性向上し、生産コストを削減し経営の安定を図っていかねばならない。

（5）日配食品工場の現状

　日配食品生産は多品種少量生産の典型であり、その複雑な納期により生産時間は極めて窮屈である。しかもこれらの食品は製造工程が複雑で、経験と勘に基づき生産されているので、生産条件は不安定である。ほとんどの日配食品は標準製造条件を、厳守して生産されているとは言いがたい。むしろ、製品毎の作業標準すら無いのが現実である。多くの食品工場ではいわゆる鉛筆舐め舐めで、製品の生産順序を経験的で事前に定めるくらいが限度で、以降の製造工程の作業は言わば成り行きと言っても過言ではない。その結果生産設備等の資源（リソース）の使用が重複したり、人手不足になったりするなど、生産上の不都合が生じて、標準製造条件が守られない事態が発生している。この様な状況を避けるには、標準製造条件遵守の生産スケジュールを作成することが鍵である。

（6）食品工場用のスケジューラの要件

　詳細で合理的な生産計画を作ることは、人の能力では時間の制約が有り、現実的には不可能である。その為にコンピュータの力を活用しなければならない。生産スケジューラは鉄鋼業や機械などの産業領域で発展してきたため、ほとんどはジョブショップ（異なる加工順序）型や、組み立て型用の生産スケジューラであり、食品生産用の多品種少量生産の、複雑なプロセス型フローショップに適合する生産スケジューラは極めて少ない。工業製品の多くは生産開始（部品を作るための金型の作成など）から、部品生産を経て最終組み立てに至るなど、製造リードタイム（生産開始から終了まで）は、数日から数ヶ月に及ぶことが多く、多くのスケジューラはリードタイム短縮を目的としている。

しかしほとんどの食品は製造リードタイムが1日に収まり、リードタイムよりメイクスパンを重視すべきである。スケジュールは分単位で小日程の詳細なスケジュールが必要である。食品工場では1日に1ラインで何10品目も生産され、フローショップ（同一加工順序）生産であるが、生産工程が必ずしも一定でなく、ジョブショップ的要素が含まれている。従って生産工程ごとの負荷は1日の間にも製品毎に変わり、時間の経過によりボトルネック工程は移動する。製品により工程の処理速度が異なり、生産順の変更でメイクスパン（工場稼働時間）は変化する。従って労働集約型の食品工場では、労働負荷が時間と共に変化し、必要労働量も分単位で変化する。その為に労働量不足も起き、又いわゆる手待ち・手空きの労働量過多の時間帯も随所に発生する。

　生産設備の能力により生産順を決めただけでは、必要労働量と供給労働量の間に乖離ができる為に、労働力の過不足という無理や無駄が発生する。このような問題を解消する為には、労働負荷変動の大きな食品工場の生産スケジューラには、労働力配置の機能が必要である。多品種少量生産型食品製造業の生産性が極めて低い原因は、多品種少量生産による複雑な負荷変動、経験と勘による生産条件の不安定さ、生産順が適切でないために起きるメイクスパンの延長、手待ち・手空きなどに関係するものが多いと考えられる。これらの問題を解消できることが食品工場用スケジューラには求められる。

（7）ERP（Enterprise Resource Planning）とスケジューリング

　販売事務、経理事務など、日常の企業活動の基本的な業務を処理するシステムを、基幹系システムと呼ぶ。基幹系システムは企業内各部門で共有して使われるデータを、1ヵ所で集中管理し全社的な情報の重複を避けデータの齟齬をなくし、企業経営に不可欠な基幹業務を効率的に行なう。

　基幹システムの代表的なものにERP（統合業務パッケージ）がある。基幹システムは販売や経理事務などの基本的な業務を処理するもので、基本的には金と物を管理するシステムである。その機能の一部に生産管理機能を謳うものがあるが、そのほとんどが生産部門の原材料の仕入れ管理や在庫、中間在庫、製品在庫などの、最小時間単位を日とした金と物の管理に限られている例が多い。従って生産管理機能といっても、時分或いは秒単位を必要とする、生産スケジュール機能などの食品工場の効率的運用を行なう機能がないものがほとんどである。具体的には時分が記載された生産指示書作成など、現場に必要な機能がないことが、生産関係者からERPに不満を感じられる原因であろう。

無論このことはERPその物の問題ではなく、基幹システム選択構築時にシステム部門が工場をどのように理解し、かつ製造部門がどの程度システムに理解が有ったかによる。製造企業にとって、「利の元は工場にある」。だから製造企業は生産管理に有効なスケジュール機能を持つ、システムを選択しなければならない。ゴールドラッドが述べている様に、基幹システムはAPS（Advanced Planning and Scheduling）スケジューラと連携し、今後その機能を強化して行くであろう。

（8）食品工場におけるスケジューリングの難しさ

　今までは経験と勘で現場を管理できることが、有能な工場長であり管理職であるとされてきたが、そのような生産をすれば、製造条件や品質が不安定になりがちであり、生産性が低くなることは当然である。無論製造条件が不安定になることは、工場長や管理者に能力がないからではなく、極めて多品種の複雑な生産工程の製品を、短時間に納期に合わせて生産せねばならないことに起因している。現実にせいぜい生産順を事前に決めるだけの、生産計画で生産を開始するため、生産設備などの資源の重複や不足、労働力の不足などの事態が発生し、これが標準製造条件を守れない原因となり製品の品質を低下させている。また一時的な労働力不足を避ける為に、必要以上の労働力を配置せざるを得ないことが、食品工場の生産性低下の原因になっている。

　食品工場生産管理システムが複雑な工程を持つ多品種の製品を、標準製造条件の下で設備・労働力などの資源を有効に生かし、全体最適のスケジュールを短時間に作成するには、工場を可視化して変更や修正が簡単に行なえ、生産指示等が発行できるなどの種々の機能が必要となる。スケジュールの適正さを確認できるように、作成スケジュールを評価する為に経営指標も表示される必要がある。

　ロットサイズが大きく異なる製品の生産を行うためには、ロット分割（生産資源の能力により分割）、ロットサイジング、ロット合わせ（同類の製品は一括した方が効率は良い）が容易に行えなければならない。焼成温度差などの食品工場特有の制約条件に対応する必要がある。このように食品工場用の生産管理システムは工場を熟知して開発しなければならず、ERPなど勘定系にはない難しさがある。食品工場用の生産管理システムに必須の条件は、複雑な供給条件の中で標準製造条件に基づいて、安定した品質の製品を、如何に効率よく生産できるスケジュール作れるかということである。

　生産管理システムの原点は、製品毎に適正な標準製造条件を確立することから始まる。今まで多くの食品企業でこの作業を行なったが、開始の時点で標準製造条件

が、製品毎に整備されている工場はなかった。この標準製造条件には、原材料配合、工程条件、加工条件、製品仕様、所要人員等があるが、多くの食品企業では文書化されておらず、現場責任者の頭の中に曖昧な形で記憶されており、個人間で差があることが多かった。実際には標準製造条件が守れなかったと言うよりも、そもそも厳密な意味での標準製造条件はなかったと言う方が正しい。今まで多くの食品工場がいかに、経験と勘で管理されてきたかの査証であろう。従って生産管理を実行するには、最初に製品の標準製造条件をデータベースとして、整備することから始めなければならない。筆者は図表3－38のような書式を使用している。製造する製品や製法により異なるので、目的にあった書式を作成しなければならない。

(9) 食品工場用APS*生産ソフトによる工場見える化

試みにある工場の生産条件（製品の種類、個数、製造順、納期など）を、APS生産管理ソフトに入れてみたら1日に収まらなかった。標準製造条件を守れば1日では生産出来ない生産順で、この工場では経験と勘で無理やり生産していたことになる。これでは製品の品質が不安定になるのは当然である。

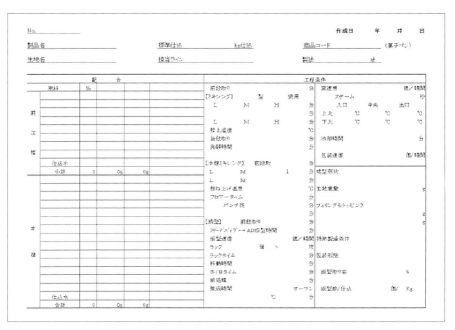

図表3－38　製品生産標準仕様書例

図表3－39の上部のグラフはガントチャートと呼ばれ、横軸が時間で縦軸は工程の並びである。上から下に生産工程毎の経過時間を表す。従って製品の工程は左上から右下に向けて階段状になる。生産にはフローショップとジョブショップがあり、食品工場では両者が混在している。下部のグラフはヒストグラムと呼ばれ、横軸は時間軸で単位時間ごとの労働量と仕事量の変化を表している。製品の種類と数が同じであれば、生産順が変わっても実際の仕事量は変わらない。同一生産量で稼働時間が異なるのは、設備の非効率な使用や、手待ちや手空きがあるからだ。仕事量に対して供給労働量が少ない場合は、生産に混乱を生じ遅延する。また仕事量に対し労働供給量が多ければ手空きが生じる。

　そのような状態を避けるために、ガントチャートとヒストグラムにより工場の見える化を行う。設備など生産資源の効率的使用や、供給労働力の有効活用をするように、生産順を変更すれば効率的な生産ができる。製品に対応する仕事の負荷量を山積*して工数を算出する。これを工程の能力で分解して山崩*し、加工所要時間をスケジュールに表す。労働負荷も仕事量として、製品毎に重畳してヒストグラムに表す（図表3－39）。このようにITの活用により工場の見える化し、部分最適になりがちな現場の作業を全体最適に近づけることが出来る。

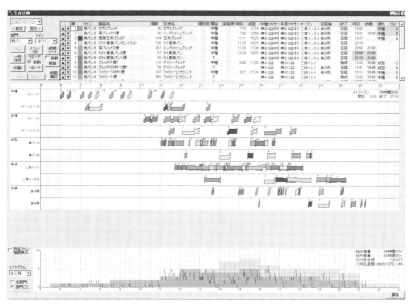

図表3－39　フローショップスケジュール

第3章　食品工場の生産性向上の手法　これが生産性向上の鍵

作業者は生産スケジュールに基づいた製造指示に従って行なえばよい。しかし現実にはスケジュール通りに進捗するとは限らない。その場合製造実行システム（MES）*機能が有効になる。これにより実際の進捗を確認できる。これはあんどん方式のように、生産上の問題箇所を表出させる。問題点を改善するように、標準製造条件の見直し、人の配置の変更、設備の調整などを行なえば、継続的に問題を改善し、限りなく生産性を向上できる。LAN接続を使えば本社から現場の実態を直接確認できるし（図表3-42）、広域な製品の交流が行われている工場間でも相互に状況を確認し合えるので、生産の調整などに有効である。食品製造業の低生産

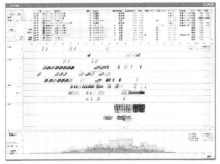

図表3-40　ジョブショップスケジュール

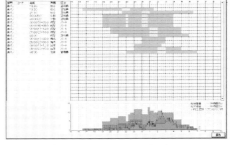

図表3-41　ワークスケジュール

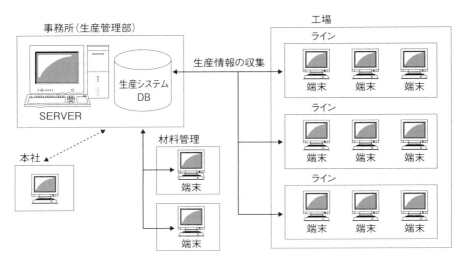

図表3-42　ネットワーク図

139

性の原因の一つにITの導入の遅れがある。このようにIT技術を活用し工場を見える化をすることで、食品工場の生産性を向上することが可能になる。

＊APS：Advanced Planning & Scheduling、先進的スケジューリング。
＊山積山崩：負荷計画を行う手法、必要な工数を積算することを山積といい、ある期間の工数をほかに移すことを山崩と呼ぶ。ロット分割は山崩に相当する。
＊MES：Manufacturing Execution System、製造実行システム。

15 設備管理・TPMと食品工場

　どんなに素晴らしい生産管理が行われていようと、合理的な生産計画が組まれていようと、機械装置が故障や不調になれば、工場の生産性の低下は免れない。生産がスムーズに行われるためには、機械装置の安定した動作が必要になる。しかし多くの中小食品工場で目に付くのが、設備保守管理のレベルの低さだ。一般的にどこの食品工場でも、機械工場などと比べると機械に強い従業員は少ないようだ。食品製造の技術的背景が農学系で、そのため機械に強い人が比較的少ないので致し方ない面もあるが、食品工場も多くの機械設備を使用しているので、このような状態は見過ごせない。

　実際に機械の一部が壊れたまま使用されていたり、メーターが壊れたままだったり、機械のプラスチック部分が割れているなどの、故障がかなりの工場で見られる。ひどい所ではばねの代わりに、輪ゴムが使われているなど、間に合わせの修理？が行なわれている工場も多々ある。勿論しっかりと生産設備の保全が行われている所もある。しかし多くの中小食品工場では、設備の保全管理の不十分な所が多い。生産性向上の為にも予防的保全を取り入れ、設備の稼働率向上に留意すべきである。

（1）設備管理

　設備管理とは「設備の計画、設計、製作、調達から運用、保全を経て廃却・再利用に至るまで、設備を効率的に活用するための管理」（JIS Z 8141-6102）とされている。即ち、設備管理は設備管理の方針に基づいて、企業や工場の収益性や生産性向上を目的として、生産システム全体の最適化を図るために、設備の計画・設計・試運転・維持・改善などを実施・運用し、工場に適した設備の開発・改善および設備の利用・活用を最適化するために行う、一連の設備管理活動全体を言う。多くの食品工場では機械装置を装備している。安定した生産を行うには設備管理が重要に

なる。

　設備管理は、設計的技術・診断技術・対策技術・管理技術などの技術的な面と、企業構造体質強化・設備費低減・経済性評価・原価目標などの経済的な面と、これらに加えて方針と目標・組織と要員・人材教育・行動規範など人間的な面の三つの側面を有する。多面的な管理が必要となる。

（2）設備保全（Plant maintenance）

　設備管理に似た言葉に設備保全がある。設備保全とは「設備性能を維持するために、設備の劣化防止、劣化測定及び劣化回復の諸機能を担う、日常的又は定期的な計画、点検、検査、調整、整備、修理、取替えなどの諸活動の総称」（JIS Z 8141-6201）である。すなわち、設備技術的な性能を完全な状態に維持し、正常な生産に寄与するための活動を総称して設備保全と呼んでいる。これらには設備の劣化を防ぐために日常的に行う、清掃・点検・給油・増し締めなどの日常保全と、設備の劣化状態を把握する検査・診断及び劣化あるいは故障を回復させる修理がある。

（3）TPM

　日本発の総合的な設備管理技法として、TPM（Total Productive Maintenance：トータルプロダクティブメインテナンス）がある。TPMとは「生産システム効率化の極限追求をする企業体質作りを目標にして、生産システムのライフサイクル全体を対象とした『災害ゼロ・不良ゼロ・故障ゼロ』等、あらゆるロスを未然防止する仕組みを現場現物で構築し、生産部門を始めとして、開発、営業、管理等の全部門にわたって、トップから第一線従業員に至るまで、全員が参加して重複小集団により、ロス・ゼロを達成する事をいう。」（日本プラントメンテナンス協会、1992）と定義されている。

（4）保全方法の分類

　工場などの保全である生産保全（Productive Maintenance：PM）は、次の予防保全、改良保全、事後保全の3つに分けられる。

Ⅰ．予防保全（Preventive Maintenance）

　予防保全も次の3つに分類できる。

　①日常保全（Routine Maintenance）

　　日常保全は、

ⅰ．清掃、給油、増し締めにより劣化を防ぐ機能、
ⅱ．点検により劣化を測る機能、
ⅲ．簡単な小整備により劣化を復元する機能を含む活動である。

②定期保全（Periodical Maintenance）

定期保全には、

ⅰ．従来の経験により、時間単位で周期を決めて、周期毎に点検する、時間基準保全（TBM :Time Based Maintenance）と、
ⅱ．定期的に分解点検して不良箇所を取り替える、オーバーホール型保全（Inspection & Repair）がある

③予知保全（Predictive Maintenance）

設備の劣化傾向を設備診断技術等により、保全の時期や修理方法を決定する、予防保全の方法であり、状態監視保全（Condition Based Maintenance：CBM）とも呼ばれる。

故障の予知には、

ⅰ．加熱の状態予知：サーモラベル；表面温度計、
ⅱ．ゆるみ予知：合いマーク、
ⅲ．油劣化：比色法、
ⅳ．回転機器の劣化：聴振棒；振動計、
ⅴ．電気機器の劣化：電流計、カレントセンサー、絶縁抵抗計などが有効である。

Ⅱ．改良保全（Corrective Maintenance：CM）

同じような故障や不具合が出ないように、改良を加えて機械設備の弱点を補強して、故障しなくなるようにする保全方法である。

Ⅲ．事後保全（Breakdown Maintenance：BM）

機械・装置等の設備が「故障停止または有害な性能停止をきたしてから修理を行う保全方法」（日本プラントメンテナンス協会）を言う。

①緊急保全（Emergency Maintenance）

重要度の高い予防保全対象設備が、突発的に故障し停止した時に、口頭連絡のみで直ちに修理を行うこと。

②計画事後保全（Planned Maintenance Breakdown Maintenance）

故障の場合、代替機により作業が継続できる場合は、故障をしてから修理したほうが、日常の余分な保全コストを掛けるよりも、経済的と判断される場合用いる。

③非計画事後保全（Un-Planned Breakdown Maintenance）

予防保全の概念がなく、成り行きで故障した場合修理する保全を言う。

(5) 食品工場の保全管理
Ⅰ．ミキサー類
　大抵の食品工場では。ミキサーに類似の回転系を持つ機械装置が設置されている。本体の整備はもちろんであるが、吸水（加水）装置などの、付属設備が故障のまま使われているのをよく目にする。モルダーや麺帯機など回転機械のメタルが壊れて、異音を出しているところもある。モーターのサーマルが作動したり壊れたりして、初めて故障に気づく工場も少なくない。ミキサー類は食品工場にとって重要な設備であるので、これらの不調や故障は生産性低下の直接の原因になり、生産性の保持のために、回転系の保全管理は極めて重要である。

Ⅱ．加熱装置（オーブン・釜・蒸し器など）
　オーブンや茹で釜、蒸し器などの加熱装置から、蒸気や熱が漏れている所も見る。これは単にエネルギーの損失だけでなく、その熱は空調の負荷にもなり二重にエネルギーを浪費することになる。しかも蒸気は工場内を高温・多湿の環境にし、衛生環境を悪くする。その結果工場の内壁面がカビで真っ黒になっている工場さえある。これは製品の品質に極めて良くないばかりか、作業者の健康にも良くない。加熱装置からの蒸気発生を抑え、換気を良くして工場内が多湿になることを防ぐ必要がある。

　熱は見えないためか、熱の偏りに無頓着な工場もある。故障ではないがダクトなど設置状態が悪く、ファンが故障しているなど、排熱の仕組みが良くないところもある。まれにではあるが、中には油脂を多く含む製品を焼成して、オーブン全体が油煙でべとべとしている工場もある。これは非衛生的であるばかりでなく、火災の危険すらある。中小食品工場の設備保全は改善の余地が大きい。

Ⅲ．包装機
　ほとんどの食品は包装されるので、多くの食品工場には何らかの包装機がある。しかし案外包装機を、うまく使いこなしていない工場は多い。シールが不十分であったり、加熱しすぎであったり、フィルムが重なって（噛み込み）エアー漏れをしたり、製品の品質に直接影響するにも関わらず、包装機のメカニズムから、包装機についての学習が必要な工場は多い。特にシール部分のヒータの保全は、製品の包装品質に直接影響するために重要である。

Ⅳ．コンベア（運搬装置）
　コンベアなど運搬装置も整備不良がよく見られる。軸部分のアライメントが歪ん

でいるために、コンベアの布部が片側により摺れてほろほろになっている物も多い。粉などを使う工場では布部と本体との間に、くずが溜まって回りづらくなり、最後には停止してしまう場合がある。小麦粉などを大量に使うドライの工場、製パン工場や麺工場では、エアーブローを多用して工場全体が真っ白になっているところもある。後のことを考えず、その場限りの作業をしている証拠だ。コンベアの故障は、掃除や簡単な調整に留意すればかなり防げる。

コンベアは運搬装置で、いわゆる製造機械ではないが、搬送用のガイドなど整備が悪いと、製品が潰れたり、落下したり品質の劣化に大きく影響する。コンベアからの製品や半製品の落下状況で工場の保全の実力が分る。

Ⅴ．製造に用いる備品

天板・型などの製造に用いる備品の状態が、良くないままで使われているケースも多い。シリコンやテフロンなどの離型剤が剥離したものや、型が潰れて、製品が出にくくなっていたりしているにも関わらず、社員は見慣れて無頓着に使われている場合が多い。

機械の保全には、工務部門の技術と熱意が必要であるが、整備の行き届いた工場では、ちょっとした補修くらいは製造員ができる工場が多い。良い製品を作るには、良く整備された機械装置が、必要だという認識があれば、機械は必ず良好に整備されるはずである。工務部門の実力は工場の能力に大きな影響を及ぼす。反面工務部門が過剰な工場では、やたらと作業台や台車などの備品が、作られている工場もある。一度このような観点で工場の設備を見ていただきたい。

多くの中小の食品工場で、共通的に感じる気になる風土がある。それは壊れる前に異常発見の段階で報告しても、お金が掛かるので対応してくれない、小言を言われる、稟議書を書かされる、修理に対応してくれる専門家がいない等の理由で、作業者が上司に報告するより黙っているほうが楽だと考え、気付いていても壊れるまで使い続けるといった事がよくある。異常の発見段階で修理すれば、簡単な修理で済むものが、大きな故障になり多額の修理費が必要となったり、修理に時間が掛かったりという事態を引き起こしている。多くの企業で設備保全と企業風土に関して再考する必要を感じる。

（6）潤滑油管理

生産設備のトラブルは潤滑油を原因にしていることが多い。従って生産保全（PM）は「潤滑に始まり、潤滑に終わる」とも言われ、生産保全の基本である。潤滑剤の機能にはⅰ．磨耗低減による動力損失の防止、ⅱ．応力の分散、ⅲ．エネ

ルギー伝達、iv. 冷却により発熱や焼き付防止、v. 摩擦面の洗浄作用、vi. 防錆、vii. 防塵、viii. 振動・騒音の低減などの作用がある。

Ⅰ．潤滑管理

潤滑管理は故障をなくすこと、潤滑剤の節約を目的としている。以下のような活動を行う。

①油漏れゼロ：点検票に潤滑油点検の項目を設ける。全ての機械装置に対して潤滑油漏れ総点検を行う。従業員教育を行い、全員で油漏れを早期に気付く活動をする。

②油詰まりゼロ：オイルフィルタ総点検、油圧作動油の性状分析・管理方法の制定、オイルクリーナによる油の浄化などを実施する。

③給油量の適正化：潤滑油使用量の掌握、オイル滴下量調整、集中給油化など

④潤滑剤管理の簡易化：油種の統一、標準油種の設定により資材管理の簡素化・効率化

⑤潤滑技術の向上：セミナー参加、通信教育、保全技能定期訓練などを実施する。

（7）予備品管理

機械設備が故障したとき、予備の交換部品等があるかどうかで、修理回復の期間は大きく変わり、操業再開までの時間も大きな違いが生じる。予備品の管理とは「保全作業を効率よく行なうため、必要な予備品を、必要なときに、必要な量を、経済的に準備する」（日本プラントメンテナンス協会）とされている。そのためには、i.予備品リストの整備、ii.予備品リストにより在庫状況を掌握、iii.予備品の補充を発注点管理で確実におこなう。発注点管理は在庫管理を参照のこと。

（8）工場診断

Ⅰ．多面的診断

工場の生産性を向上させるためには、生産管理の知識や生産技術だけでは達成できない。人に品格が必要なように、工場にも人格に似たようなものがある。生産管理や生産技術以外にも、知識や教養、従事者や組織のモラルなど、生産性の向上には極めて多くの条件が必要になる。

それは例えば基本的なこととして、経営者の考え方、整理整頓など5S、工場のモラルや帳票類の整備状況、作業のやり方や組織の運営の仕方なども含まれる。工場を内部診断する場合も、多面的な方向から、工場を冷静に客観的に観察する必要

がある。

Ⅱ．根本改善

5Sや報連相などのスローガンが工場内に掲示してあるが、ポスターなども色が変化して、実際には何もしていない状態で、実態が伴っていない工場が結構多い。このほかISOに関しては、ルールと工場の実際の乖離が大きすぎて、やっている風に見せかけることに終始している工場さえある。まさに建前と本音の違いである。ルールを実際に実行できるレベルにもどし、必ず実行するようにしなければならない。そのためには現場にムリや無駄な負担をかけないしくみをつくり、責任をもって実行する体制を作らなければならない。

Ⅲ．作業改善と保全

加工条件、作業の仕方、冶工具の整備など、作業改善に関することに加えて、職場は人間の集合体であるので、各自が持つ目標に対する意識や業務の流れ、製販協調などの職場間協調も極めて大切である。もちろん機械類の保全も重要である。機械の安定した動作があってこそ、スムーズな生産が可能になる。多くの食品工場の弱点の一つである。

Ⅳ．品質管理と食品衛生

当然品質はメーカーとして極めて大切である。生産性のために品質を犠牲にしてはならない。むしろ品質を上げることで、生産性は向上するはずである。品質管理の実力は生産性向上の大切な要素である。しかし品質管理とは名ばかりで、クレーム対応に追われている品質管理部門さえある。品質管理部門はクレームが発生しないように、生産部門をリードして生産を行わなければなければならない。

しかし細菌検査や抜取検査、書類作成などが品質管理の仕事と考えている会社が多い。品質管理のデータを生かして、問題点を発見し製品の品質向上を実現し、生産性を向上しなければならない。もちろん言うまでもなく、食品衛生を忘れてはならない。

Ⅴ．コスト・納期短縮と在庫管理

商売の基本は価格、品質、納期であるから、コスト競争力、納期の短縮、在庫管理などは極めて重要である。同業の同規模の工場であっても、筆者が見た中で資材倉庫の広さが2倍以上の差がある例もある。流通業においても弱小企業は淘汰されてきている。そのため今後大手流通企業の比率はますます高くなると考えていかなければならない。

つまり、中小食品企業といえども、大手流通企業と取引の比率は上昇し、ここと商売をしてくためには、厳しい価格、品質、納期の要求に答えられなくてはならな

い。今後の食品企業が生き残っていくためには、これらの大手流通の要求に対応できることが必須になる、そのためには生産性を向上する体制が作られているかが鍵となる。

Ⅵ. 組織資産

このほかに工場診断の折に着目しているのは、インタンジブル・アセット（無形資産）、組織資産とも呼ばれている、目に見えない企業の資産である。これらにはITリテラシー（知的能力）や新しい科学技術に対応する能力、ITを有効に機能させるデジタル組織やモラル、組織などが含まれる。

食品工場で使いこなせないで放置されている機械装置や、機能しないソフトウェアの存在は、これら資産が不十分であることによることが多い。製造員により十分な運用ができない工場は、インタンジブル・アセットが不足してないか検証の必要がある。インタンジブル・アセットの増強は、食品製造業の将来にとって重要である。今後全ての食品工場共通の問題として認識する必要がありそうだ。このような観点から食品工場の工場診断を行なっている。

テーマ	食品工場診断チェック項目
根本改善	工場トップ方針・行動、整理・整頓・清掃／点検（5S）、3直3現、目で見る管理、3ム、基本／モラル、帳票類、報告書類
作業改善	小集団／提案活動、不具合微欠陥排除、加工条件改善、段取り短縮、冶工具改善、設備改善、監視部門廃止、管理者／作業者区分確立
保全管理	生産保全／設備保全、省資源保全／再生技術、保全体制、自主保全、品質保全、工具保全、加工条件最適化保全、エンドレス保全
組織資産	目標体系確立、職場連携、即時対応、情報共有化、業務の流れ、業務改善、製販協調、顧客志向、技術進歩対応、デジタル組織、IT化レベル・IT活用
品質管理	原因遡及品質検査、ポカよけと自働化、再発防止、コストと品質保証、工程設計と製造技術、製造物責任、トレーサビリティ、規定と実行
納期短縮	差立改善、生産計画フレキシブル化、工程管理、ガラス張り工場、ロット適正化、多能工化、停滞ゼロ化、内外作業の同期化
在庫圧縮	在庫直視、ABC管理、発注ルール化、先取手配、資材在庫圧縮、中間在庫抑制、工程間滞留在庫排除、工場内物流改善
コスト圧縮	開発仕様、VA/VE活動推進、コストデータベース作成、種類削減／共通化、材料点数削減、工程数削減、設備柔軟化／再編、コンカレントエンジニアリング
食品衛生	施設／設備衛生管理、従事者教育管理、従事者の衛生管理、施設／設備／機器保守点検、ペストコントロール、食品等の衛生的取扱い、作業マニュアル、試験検査管理、製品の回収、使用水管理、排水廃棄物管理

図表3－43　食品工場診断項目

コラム Column 『食品製造業で豊かに』食品産業生産性向上フォーラムに取り組んで（その①）

　著者は40年余り前に学校を卒業して食品メーカーに入社した。当時の製造現場はまだ職人気質がかなり残っており、同業の会社を渡り歩く職人もかなりいた。会社に入社して最初に感じたのは太っている人が少ない、というよりほとんどいないということだった。もちろん現在のように社会全体で肥満を問題にすることもなく、今に比べれば全体的に日本人は痩せていたとは思うけれども、それでも当時の私には製造現場の人の多くがそれ以上に痩せていたように見えた。例えば今では食品工場に入ってもエアコンが入っており、昔と比べればずっと涼しい。痩せた職人たちは夏痩せ寒細りだと笑っていた。それは温度だけの問題ではなく、朝は星の出ている間に出勤して夜には星が出てから家に帰る人もかなりいたように思う。そんな勤務条件が作業者を痩せさせていたのだろう。その後3Kという言葉が流行語になった。まさにそんな環境に近かったことを思い出す。

　そんなことから若者だった当時の著者の夢はパン工場の生産ラインを無人化することだった。その一連の研究をまとめて学位論文にした。その考えを幾つかの企業に話したが、それを取り入れるような食品機械メーカーはなかった。その後その研究を評価してくれた電機メーカーに就職した。食品業界を離れてみて今までの認識が外れていなかったことに気づいた。この頃から現状を打破するには食品製造業の生産性を向上しなければならないと考え始めた。

　なぜ食品製造業の生産性は低く、かつ給与も低いのか。その原因は前著「食品工場の生産性2倍」に書いた。食品製造業は食品製造業だから生産性が低いわけではない。例えば日本の食品製造業の生産性は製造業平均の60％しかないにもかかわらず、ドイツ、イギリス、フランス、スウェーデンといったヨーロッパ先進国の食品製造業の生産性は、その国の製造業平均の生産性と比べて劣っていないのである。なぜ日本の食品製造業だけが低くなければならないのか。そして給与水準も他の製造業に比較してかなり低いことも現実である。

　では、その原因はいったいなんなのだろう？（199ページにつづく）

第4章
キーポイントですぐできる実践事例

　食品製造業は既に述べたように高生産性業種と低生産性業種に二極化している。高生産性業種は製造業平均よりも生産性が高く従業員の平均給与も高い。食品製造業の生産性向上を考える場合は、重点的に低生産性業種の生産性向上に着目する必要がある。生産性を上げるには付加価値額が一定であれば投入労働量を減少させなければならない。その為には作業の効率を上げる必要がある。作業効率を上げるには作業のやり方を効率化すると共に、必要な仕事量（付加価値労働の仕事量と必要な非付加価値労働の合計仕事量）にだけ必要な労働量を確実に投入し、余剰な非付加価値労働は極力削減しなければならない。
　即ち効率的な工場運営の条件としては①効率的な仕事の方法の確立（標準化・分業・ライン化など）と、②必要な仕事（付加価値労働と必須の非付加価値労働）の確認と無駄な作業の排除、③確認された仕事量に合致した人時投入、④効率的な生産スケジュール（メイクスパンの短縮）、⑤これを実現する勤務パターンの作成、⑥生産性を向上する意識（ローコストオペレーション指向）等が必要である。

実践事例 1
先進的製造業と水産加工業の生産実態にはこれだけ差がある
（電子基板ラインと水産加工ライン）

　実践的な知識を習得して頂きたいので、実際の生産状況の写真を見ながら、説明したい。まずは日本のリーディング産業の一つであり生産性の高い電機製造業と、低生産性食品製造業の工場を対比しながら説明を行う。図表4-1は電機製造業の回路基板の生産ライン、図表4-2は水産加工場の生産ラインである。いずれも多くの作業者がいる労働集約型ラインである。2枚の写真の違いが、先進的製造業である電機製造業と、低生産性の水産加工業の生産性の差を端的に表している。

　先進的産業で生産に関わる管理者のほとんどは、この写真の生産性に関する違いを説明できるはずだ。その違いにこそなぜ電機産業は生産性が高く、食品製造業は生産性が低いのかの理由がある。読者諸氏にその違いが説明できるか否かが、生産性について理解できているかの物指しになる。多くの読者は食品製造業関連であると思うが、皆さんはこの2枚の写真の生産性に関する本質的な違いを説明できるだろうか。お断りしておくが、図表4-1の通路を歩いている数人の男性は見学者で作業員ではない。従って生産性に関する議論からは外していただきたい。この2枚の写真の生産ラインは、コンベアの前に多くの作業者が並んでいることは共通しているが、分業、作業の標準化、ライン化の全ての点で違いを含んでいる。この違いを理解し、その違いをなくしていけば、食品工場の生産性は間違いなく向上すると考えている。2つの写真の中にある、効率的工場運営の差異と、夫々の生産技術要素を視点にして以下に説明していきたい。

（1）分業化の視点

　まず分業化の視点で2枚の写真を見比べて見よう。低生産性の食品工場の実態と、分業化を効率的に取り入れて、高い生産性の電機製造の現場との違いを比較検討してみたい。3章で説明したとおり、複数の作業者で作業を行う場合、分業化により生産性は格段に向上する。写真では分りづらいが、実は電機製造業の工場では、同一ライン内で同じ作業を行っている作業者は一人もいない。並んでいる多くの作業者の作業内容は全て異なる。ところが水産加工場の作業者は同様にライン状に並んではいるが、写真でも見て分るように、全ての作業者は同じ仕事をしている。

第4章　キーポイントですぐできる実践事例

図表4－1　電機製造業の回路基盤の生産ライン

コンベアの前に多くの作業者が並んでいることは共通しているが、上の写真では同一ライン内で同じ作業を行っている者は一人もいない。対して下の写真ではすべての作業者が同じ仕事をしている。つまり食品工場では分業のノウハウが取り入れられていない。
また、上の写真では、強制駆動のコンベア上に物が一定の速度で流れているが、下ではコンベアが安定的に動いておらず、不連続な作業になっている。

図表4－2　水産加工場の生産ライン

電機工場のラインの作業者はチームワークで仕事をしているが、水産加工場の作業者は一人一人の作業者（一人完結型作業）が、単に並んで作業しているだけで個人プレーである。電子回路基板には多くの部品が取り付けられるが、電機工場では作業者の一人一人には生産工程に従って、割り当てられた作業の分担が定められており、いわゆる分業により生産が行われている。これに対して水産加工場では個人完結型作業者が集合しただけで、分業のノウハウが取り入れられていないのである。

（2）作業標準化の視点

　分業を行うには、作業者ごとの作業分担を明確にしなければならない。作業が複雑な場合は口頭では分りづらい、そのために文書でもって作業を明確にしなければならない。特に電機工場のように生産ロットごとに、仕様が変わり作業内容に変化がある場合は、文書化は必ず必要になる。写真の電機工場の作業者の前面上部にある、白い書類は作業標準書である。作業者ごとの作業内容、合理的な作業の方法などが書いてある。作業標準書の有無もこの二つの工場の大きな違いである。

　個人完結型の作業の場合は一連の作業を一人でこなすため、作業条件は作業者個人が思うままに行われることが多い。そのため食品工場の多くは標準作業に対する認識も低く、標準作業は設定されていない例が多い。この水産加工場も同様である。従って作業者の技量や考え方により作業条件が異なり、合理的に決定された作業条件（標準作業条件）により作業が行われていない。作業条件は個人により、あるいはその都度変化しているのが現実で製造条件が一定せず、生産性が低い原因になるだけでなく、作業方法のばらつきにより品質が不安定になりがちである。

　作業標準を確立するためには、文書化をする必要がある。ところが食品工場の多くは、文書化を苦手としているところが多い。食品工場では個人完結型の作業が多いため、標準作業に対する認識が低く、作業分析が行われていない上に、文書化に対する認識及び文書化能力が不足しているために、作業の標準化が遅れていることは否めない。食品工場でも作業の標準化の重要性を再認識して、作業の標準化を促進する必要がある。

（3）ライン化の視点

　もう一度電機工場と水産加工場の写真を見比べてみよう。両方の工場で作業者はコンベアの前に、向かい合って二列に並んでいる。写真では動きは分らないが、電機の工場では強制駆動のコンベアの上に仕事（作業対象物）は、平準化され律速的

（一定の速度）で流れている。しかし水産加工場のコンベアの上の魚は偏在しているために、コンベアそのものが見えている。即ち水産加工場の作業は律速的ではなく、不連続的な作業になっていることがわかる。つまり、水産工場のコンベアは安定な制御がなされておらず、ただの運搬具として使用されているに過ぎない。これから分るようにコンベアが設置され、作業者がコンベアの前にライン状に並ぶことがライン化ではない。作業が分業化され標準化された上で、工程に沿って安定的に連続的に進むことが、ライン化であるとの認識が必要である。

（4）トヨタ生産方式の視点

　電機製造業の写真を注意深く見ると、それぞれの作業者の前面頭上にランプが並んでいるのが見える。また通路の奥に四角い箱状の掲示装置が、2つ天井よりぶら下がっているのが見える。左右それぞれの掲示装置が、左右のそれぞれのラインに対応している。作業者の頭上のランプは「あんどん方式」の、いわゆる「あんどん」である。また掲示装置は「あんどん方式*」による作業の進捗を表す表示装置である。通路にある2列の黄線の内側は、部品等を運ぶ自動搬送車の通路となっており、「かんばん方式*」に基づいた部品供給が行われていることがわかる。

　この電機工場の作業はトヨタ生産システムを基にした運営がなされており、あんどんやかんばんにより仕事が「見える化*」されて、平準化された作業に対して異常が容易に発見できる仕組みが作られている。この工場では異常に対して「なぜ＋なぜ＋なぜ＋なぜ＋なぜ」に、代表的される帰納的な発想により、問題点を改善しながら生産性を向上する仕組みで運営されている。この仕組みこそが、この水産加工場いやほとんどの低生産食品製造業の工場と異なる点である。

　この例に見られるように、加工食品製造業の低生産性の原因は、最新の生産管理技術の欠如ではない。生産管理のパラダイムのシフトから見れば、比較的古い第二次世界大戦以前のパラダイム、即ち個人完結型の作業から分業による作業、個人の職人的なノウハウによる作業から共通の作業標準による作業、コンベア化・ライン

＊あんどん方式：目で見る管理は異常が一目でわかるしかけの一つである。「あんどん」には機械ごとに正常に稼働しているかどうか分るように、赤、黄、緑のランプが点滅するしかけである。工程全体の進捗管理や工程管理の役割も持っている。
＊かんばん方式：プル生産方式の代表例、多品種条件下において平準化という枠組みがあってはじめて意味を持つ。かんばん方式は後工程で生産された分だけ生産するというしくみの中で、業務レベルの発注、生産指示情報の役割を果たす。
＊見える化：異常を顕在化させ、現場の社員全員が知恵を絞って問題に対処していき、生産性、品質の向上を図る。

化による作業といった、生産管理技術発展の初期段階のパラダイムの不足が原因であると考えられる。

　現在、生産管理と言えば、自動車産業、トヨタ生産システム、かんばんシステムなどの言葉が連想されるが、この例に示されるように、加工食品製造業の低生産性の原因は、高度な生産管理技術の欠如ではない。食品製造業界は自らの工場に必要な生産ノウハウが欠けていることを再認識して、当初は初期の生産管理手法から、生産管理技法の吸収に取り組む必要がある。実際、食品製造業において一人完結型の作業が多く見られることや、1章で述べたように工場規模増大による生産性向上効果が、他製造業によりも小さいという事実は、生産管理技術の効用効果が食品製造業に波及していないことが原因だと考えられる。ここに取り上げた事例と以下に述べる多くの事例を参考にして、是非食品工場の生産性向上に取り組んでいただきたい。加えてIT化の流れは加工食品製造業も無視はできない。従事者のITリテラシーの向上を産学官協同で取り組む必要がある。

キーポイント

- 同一ラインで分業のノウハウを取り入れる
- 作業者ごとに作業分担を明確にするため、作業標準書を作る
- ライン化するためには、工程に沿って、安定的に連続的に進むことが必要
- 異常が容易に発見できる仕組みを作る

実践事例 ❷
一人完結作業から分業化・コンベアによるライン化へ
（中規模水産加工場）

　この事例は水産加工場である。ある年末にこの食品加工会社の社長から、突然電話が掛かってきた。電話によると、現在、工場では正月用の「数の子」のパック詰めを行なっているが、このままでは年内に終わりそうもない。商品の特性からいって年内に終わらなければ、大変なことになるので助けて欲しいとの話であった。要請に応じて、翌日早速その工場に出かけた。

　ここでも最初に目に入ったのは、例によって一人完結型の作業の状態だった。10人以上の作業者が、思い思いの場所で思い思いの方法により、一人完結型の仕事を行なっていた（図表4－3）。責任者の説明によると毎日14、5人の体制で事前に計量作業を行なった後、パック詰め作業を行ってきたとのことだった。説明では処理量／人・時は平均25パックなので、6時間稼働で一日あたり2250パックできているはずと言う説明であったが、実績を確認すると予想に反して1000パック／日程度しかできていなかった。実際の生産能力の実力は、責任者の説明の半分以下であった。

　現状の方法では、繰り返して行われるコンテナの切替え作業が無駄であると考え、作業性を向上するためにはコンベアの活用が有効だと判断し、コンベアを導入すべきだと社長に提案した。早速社長がコンベアの取扱い業者にコンベアの発注をしようとしたが、年内には間に合いそうもないと言うことだった。仕方ないので工場中を探したところ、運よく6mほどのコンベアが見つかった。そこで翌日までに、きれいに洗浄、整備、殺菌処理をして、工場内に設置するよう伝えて工場を離れた。翌朝工場を訪れるとコンベアは整備され、清潔に洗浄殺菌されて工場内に設置してあった。

　作業開始時に作業方法の概要を作業者に説明した。当日のコンベアを活用しての作業手順は、①計量担当者が数の子を計量し、規定重量約9ピースを、離水分を考慮して所定の範囲で計量し、トレーに載せコンベアで流す。②これを作業台に移動し一度トレーから数の子を除き、トレーの水分を拭き取った後、吸水用ウレタンシートを敷き、その上に数の子を所定の整列法で整列する。③数の子が整列されたトレーをコンテナに並べて詰る。所定のトレー数が並べられたら、コンテナを積み上げる一連の作業である。この一連の各作業の担当を決めて、コンベアを利用して

図表4-3　数の子従来作業状態

> 上の写真は一人完結型の作業で、作業者が思い思いの場所・方法で作業し、効率が悪く、予想に反して実績がついてこなかった。そこで下の写真ではコンベアを設置して、作業者のそれぞれの担当を決め、分業ができるようにした。すると少しづつ生産性が上がっていった。

図表4-4　数の子作業改善状態

分業して行うことにした。

　以下、①の作業を計量（W）、②の作業を整形（M）、③の作業を箱取り（P）と略記して記載する。当初は図表4-4、4-5のような配置、W1～W3の3名、M1～M8の8名、Pの1名の構成で作業を開始した。当初の担当者毎の作業速度は図表4-7のようになり、1パックあたりの計量時間は14～29秒、整列時間は35秒～1分48秒までの個人差があり、また同一作業者でもその都度作業時間にバラツキがあった。

12人体制の配置で作業を開始したが、流れ作業開始から2、3時間経つと、各作業者が持つトレーなどの資材の位置も定まってきた。また各自が足元に必要量の補充品を持ち、作業台の自分の分が無くなっても、トレーの補充で他の作業者を煩わすことがなくなり、少しずつ生産性が上がっていった。処理速度は昼休憩前の時点で、コンテナ10段（160パック）あたり、21分で生産できるようになった。

　午前中の作業終了の時間になったので、昼休憩をとり1時間後に作業を再開した。しかしこれまでのやり方が染み付いているのか、作業の取り掛かりに時間を要した。食品工場の例に漏れず、パートタイマが多い職場のために、昼の時点で1名がラインから離れたため、図表4－6のようなレイアウトになってしまった。計量の1名が抜けたため、計量2名、整列8名、箱詰め1名の11人体制で生産をしたところ、計量の能力が不足になり整列の担当者に手持ちが生じるようになった。

　全てを指示すると工場の自発性がなくなるので黙って状況を見ていた。暫くこのような状態が続いたが、そのうちに作業者M8がW3の位置に入り計量を始めた。M8はラインの末端でラインの流れが見える位置にあり、計量が能力不足に陥っていることを判断し、自発的に計量の位置に入り作業を開始したのである。すると整

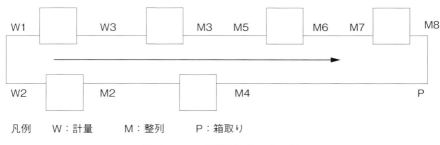

図表4－5　当初生産レイアウト

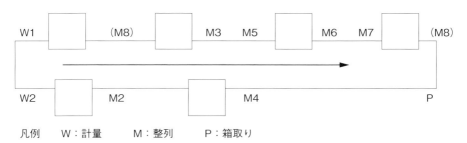

図表4－6　中間生産レイアウト

列係が1名減ったため、暫くすると作業台上にトレーの山ができた。これを見たM8は頃合を見計らって、元の位置に戻って整列作業を再開した。これを繰り返して、安定的に生産のリズムをつくることができるようになった。作業者が作業中に移動することは、生産性の面から余り良いことではないが、整数人でラインバランスが取れない場合は、このような方法もとらざるを得ない。このケースの場合は10分から30分程度間隔の移動であり、移動に伴うロスタイムもわずかなので、ラインバランスが崩れたままで作業を行なうより遥かによい。

　図表4-8より、ラインバランスが非常に重要であることが分る。パートタイマ主体の作業のため、作業者の出入りが多い。人数の変化や各人の技量の違いにより、ラインバランスが変動するごとに作業の効率が変化した。パート社員が多い食品工場ではこのような状況は珍しくないが、極力安定的なラインバランスを取るこ

	担当者	所要時間（分：秒）/トレー
計量作業	W1	0:14、 0:14
	W2	0:29、 0:16
	W3	0:18、0:17 　// 0:18
成列作業	M1	1:06、 1:48
	M2	1:24、 1:13、 0:59
	M3	0:59
	M4	1:09、 1:11
	M5	0:57
	M6	0:35、 0:46、 0:40
	M7	0:56
	M8	1:02

図表4-7　作業別作業者別・作業速度のバラツキ

時刻	人数	計量人数	箱数	所要時間（分）
11:24	12	3	40	
11:45	12	3	50	21
12:00	12	3	56 + 13p	
休憩				
13:22	11	3	60	
13:48	11	3	70	26
14:11	11	3	80	23
14:35	11	2	90	24
15:00	11	3 / 2	100	25
15:28	11	/ 3	110	28
16:13	10	2	120	35
16:24	10	2	124	9

図表4-8　作業所要時間の変化

とに留意すべきである。

　後で作業者M8のことを責任者に聞くと、数の子のシーズンにはここ数年季節工的に、毎年従事している人とのことであった。この例からも作業者の経験が如何に生産性の向上に大切であるかがわかる。作業者M8は経験により、この工場の風土を認識しているので移動できたのであろう。一般的に食品工場の労働者構成は、正規社員が少なく非正規社員が極めて多いが、ここで自ら判断をして自発的に動いたのはパートタイマであっても経験者であった。未経験者を集めての生産は単なる集団になりがちである。食品企業の中には勤務条件などで、従業員の定着が悪い企業があるが、従業員の経験は生産性にとって極めて重要であり、従業員の定着には充分な配慮をすべきである。

　通常の食品工場においては、他の製造業に比べてスキルの要求が高くないためか、技術の伝承に必要な従業員の定着があまり重要視されない傾向にある。経験や技術の伝承及び的確な指示が生産性向上に重要であることを再評価していただきたい。生産性の向上に作業者の経験や能力は、極めて重要である。第3章に統計的に示されているとおりである。

　11人体制で、この製品の場合、平均すると25分程度でコンテナ10段、すなわち160パックできた。1時間当たりに換算すると384パックになる。従って一人当たりの生産高は34.9パック／人・時になる。これは工場長から事前に聞いた前日までの、一人完結型の作業のペース25パック／人・時に比較すると、40％の生産性の向上になった。またこれまでの一日あたりの実力1000パックくらいと比較すると、約3倍になり生産性の驚くべき向上であった。この事例はライン化による分業が食品工場の作業性の向上に有効であることを実証した。現場はとかく変化を嫌い、昨日までの方法を変えようとしないが、管理者は常に生産性向上を目指して改善していかなければならない。

キーポイント

- 作業者が好き勝手に作業する一人完結型では効率が悪い
- コンベアを利用して分業を実行する
- ラインバランスは非常に重要。バランスをとるためには移動もOK
- 従業員の経験は生産性向上に極めて重要

実践事例 3
作業の分業とライン化、標準化、一気通貫生産・同期化
（大規模洋生菓子工場）

(1) ライン化

　この事例は中堅菓子企業である。作業内容は、小さなケーキの上に、溶解したチョコレートをまぶしたナッツを、トッピングしていく作業である。図表4-9は従来の作業状況で、各自が一つの番重に入ったケーキを受け持ち一人完結型作業をしていた。作業のあらましは①トッピング用の溶融チョコレートにまぶしたナッツを、小さなボールに各自取りに行き、②これを番重の中に並べてある小さなケーキの上に、スプーンを使って規定量だけトッピングする。③番重に並べられたケーキのトッピング作業が全て済めば、番重を別の場所に移動し、また新しい番重を持って来て、トッピングを行う作業の繰り返しである。10人近くの作業者が同じ職場で、同じ製品の同じ作業をしているが、作業者相互の作業に全く関連はない。従って職場に何人の作業者が居ようと、この職場の処理量は一人の能力×人数の積でしかない。写真のように作業台はコンベアであるが、このコンベアは動いていない。

　この作業を、①投入、②トッピング、③箱詰め、④トッピング供給の担当に分業し、コンベアを稼動して作業した。当初、自由に作業させたが、それでも以前に比べかなり効率は上がった。続いて、図表4-10の様に9列あるケーキの列の、中央の3列を上流（写真奥）の2人に、左側の3列を写真左側の2人に、右側の3列を右側の2人に担当させた。すると以前の約500個/人時から、約650個/人時まで30％の生産性向上をみた。この例は工程の流れによる分業だけではなく、同じ工程の中で担当による、水平的な分業でも効果が上がることが確認された。担当が決まることでトッピングの対象を探す（目移り）必要がなくなり、作業対象を探す無駄な動きがなくなることと、担当分に対する責任感により、生産性が上がったと考えられる。分業とライン化による効果が、ここでも確認された。

(2) 標準化

　本事例の洋菓子工場の連続生産ラインでは、一日あたり約40,000～50,000個/日のケーキを作っている。ところがこのラインの製品不良率は約5％もあった。社長からは責任者及びライン担当者に対して、この問題を改善するように指示が出ていた。しかし長い間の担当者らの努力にも関わらず、この問題は解決には至らなかった。

第4章　キーポイントですぐできる実践事例

図表4-9　ケーキ従来作業状態

上の写真では、各自が一つの番重に入ったケーキを受け持ち、一人完結型作業をしていたため処理能力は一人の能力×人数でしかなかったが、下の写真ではコンベアを稼働させ工程の流れによる分業をすると同時に、同じ工程の中で担当による水平的な分業でも効果が上がり、30％の生産性向上を実現した。

図表4-10　ケーキ改善作業状態

　その話を聞き不良の現象を確認すると、最大の原因はケーキの浮き、即ちケーキの高さが足りないことであると分った。ケーキの浮きに大きく影響すると考えられる、ラインの箇所のうち重要であると判断した、生地の仕込みと焼成の作業状況を調べた。調査の結果、仕込みの作業状態が一定でないことが分った。そこで作業者に仕込み作業の進行時間を詳細に記録してもらったところ、作業時間の間隔が不均

161

図表4-11　生地作り

図表4-12　デポジタへの生地の投入

図表4-13　生地ならし

図表4-14　生地浮き(高さ)測定

> 約5%もあった製品不良率の原因は、仕込み作業の状態が一定でないため生地の不均一が起こることによるケーキの浮きだった。そこで作業標準を確立し、仕込み作業がスムーズに流れるようにし、スケジューリングすることでこれを改善した。

一であった。これを筆者がガントチャートに表して、これまでの作業のやり方が不規則状態であることを、ライン責任者と作業者に認識してもらった。

　ご存知の通りケーキの生地にはベーキングパウダーが入っており、これは常温でも生地中でゆっくり分解する。例え生地を均質に仕込み上げても、仕込みしてから生地の焼成までの時間が異なると、ベーキングパウダーの分解に違いが生じて、生地の状態が不均一になる。

　そこで先ず仕込み作業を分析して、これを安定して行なうために、作業標準を確立した。その標準条件を箇条書きにして壁に貼り、作業者に標準条件を確認しながら、作業をしてもらうようにした。合わせてラインが効率的に円滑に流れるよう

に、デポジター（生地絞り機）の絞り能力、オーブンの焼成能力、スライサーのスライス能力、包装機の包装能力を元に、生地仕込みの間隔（タクトタイム）を決定して、ミキシングスケジュールを作成し掲示した。このスケジュールを作業者が確実に守ったところ、それだけのことでオーブン投入時の生地が安定したため、生地の浮きが安定し、結果として不良率は約1.5％に減少した。

　従ってこのラインではロスの減少により、生産性が３％以上向上し、製品ロスを年間換算で4000万円相当以上減少することができた。作業を漠然と見ただけではなかなか判断は難しいが、食品工場では作業標準の徹底がされていないケースが多い。この例でも分る様に品質管理と生産管理は表裏一体である。即ち不良率の減少は、そのまま生産性の向上につながる。この様に食品工場の生産管理、特に生産性向上、品質向上において、作業標準の徹底は極めて重要である事がわかる。

（３）一気通貫生産・同期化

　この工場のケーキ作りは、コンベアで接続された連続ラインで生産されている。工程のあらましは、生地仕込み、生地絞り、焼成、冷却、カット、包装という工程である。これは第３章のPERT図に示した連続ケーキラインと類似の工程である。この順序で連続的に生産される。この工程の大体の生産所要時間（リードタイム）は、仕込み30分、焼成30分、冷却2時間の計3時間である。この工場の所定の稼働時間は、朝9時から夕刻18時までであり、全部署のほとんどの従業員は一斉に出社し、夕方には仕事が終了した職場順に退社する。もちろん生産量が多ければ残業になる。

　ここで問題なのは、このラインでのケーキ作りは仕込みから包装まで、生産リードタイムが約3時間かかることである。その3時間のリードタイムのために、仕込み部門が作業を開始してから、約3時間後でなければ、包装部門は包装作業を開始する事ができない。もしも受注が多くて仕込み部門の作業が延長した場合には、それにつれて包装部門の作業の終了は延長され遅くなる。時には翌朝まで続く恐れがある。そのような状態を避けるために、実際には仕込みの終了時間に近い、午後の生産分の包装は翌日回しになっていた。これが定常的になり包装部門の午前中の作業は、仕込み部門の午後3時以降の作業分（終了前3時間分）の製品包装作業になっていた。

　このような生産日程で生産するために、前日午後3時以降生産分の製品が乾燥したり、異物が入ったりしないようにするために、焼き上げた製品をラックにさし冷却後、図表4－16のようにラックをラップで包んで保管しなければならなくなっ

図表4-15　ケーキスライサー

図表4-16　ラップで包まれエレベータで移動されるケーキ

図表4-17　安定した品質のケーキ

図表4-18　包装機

> このラインでのケーキ作りは、仕込みから包装まで、生産リードタイムが3時間もかかる。そのため仕込みを始めてから約3時間後でないと包装部門の仕事はない。その時差のため製品の品質が下がったり、不良がでたりしていた。そこで各作業にかかる作業者の出勤時間をずらしてもらうことでムダのない作業が効率良くできるようになった。

た。1日当りのその量は、ラックに約15台分になった。ラックに保管したらケーキは写真のように、エレベータを使用して包装部門のある上の階に運んで、包装部門でラップを外し包装機に投入するか、同じ場所でラップを外しながら途中からコンベアに再投入しなければならなくなり、ラックへの差し込み、ラップ包装、上の階への移動、ラップはずし再投入など、15台分のケーキのための余分な作業が生じていた。それと同時にこのことにより、包装速度が乱流になり、包装部門を混乱させる原因にもなった。

　このような無駄な作業を避けるために、仕込み部門の作業者2名の出勤を3時間

ほど早めて、6時に作業を開始してもらった。それから焼成投入、釜出口担当というふうに、時間をずらして出勤してもらった。そうすることにより、9時に包装部門の作業者が出社した時には、当日仕込んだ製品が包装部門まで到達しており、当日生産分は当日すべて包装できるようになった。その生産日程で、無駄なラッピングやラック差し作業が大幅に減り、労働量が大幅に減少するだけでなく、保管に伴う製品の傷みがなくなるために製品の品質も向上した。

工程毎の処理速度のバランスが、本来取れていたはずのラインを、今までは仕込みから冷却までの工程と、カットから包装までの工程に分断して無駄な作業をしていた。仕込み部門の作業開始を早めることで、仕込みの作業の見直しによる同期化と共に、いわゆる一気通貫生産が可能になりラインの稼動状態が格段に安定した。以前はラインが分断されていたために、製品の流れに乱れがおこり、4人構成（製品投入担当と検査・箱詰めの担当）の包装機を断続的に3台稼働させたために、包装の要員12名を必要とした。それでも間に合わず時々4台の包装機と要員16名を必要とする事態が生じていた。

現在は同期化した一気通貫生産をすることで、生産速度が律速になり包装機2台と要員8名で、安定的に作業をこなしている。製品不良の改善による4000万円／年のコスト削減に加えて、作業の標準化と同期化による一気通貫生産の効果による1日あたり30人時程度の省力化が実現された。ラインを無駄なく円滑に稼働させることが如何に重要であるかが分る。

キーポイント

- 担当を決めることで、作業対象を探す無駄な動きがなくなった
- 仕込み作業を安定化させるために作業標準を確立
- 作業標準を確立できれば、製品ロス、不良率を減少させられる
- 同期化した一気通貫生産で省人化を実現

実践事例 4
ステータスクオ　生産スケジュールの改善（小規模パン工場）

　食品企業の社員に、食品工場の生産性が低い原因を尋ねてみると、その原因は①加工食品は製品寿命が短く多品種少量生産で、しかも生産工程が複雑である。②食品原料は天然物で、そのために品質が安定せず、変敗しやすく、作りだめができないので計画生産が難しい。③不安定な性状の材料を使用するために機械化も難しい。④また流通からの納期の要求が厳しく、充分な製造時間が確保できない。このような理由から、生産効率より納期優先の生産になってしまう。と大抵の場合このような言い訳が異口同音に聞かれる。

　これを言い換えると「自分達（食品工場）が原因ではなく、外部環境から低生産性になる状態にされており、いわば自分たちは犠牲者なのだ」と聞こえる。しかし、このように食品工場の低生産性の原因を外部のせいにすると、生産性向上の改善を、自ら放棄してしまうことになりかねない。

　本当に自ら改善すべきところはないか、もう一度生産性を低下させている原因は、工場内にないか見直していただきたい。お金を掛けずに生産性を上げる方法もある。そこでステータスクオを、思い出してみよう。ステータスクオ（Status Quo）とは現状の設備などの体制を維持したままで、生産性を向上することである。すなわち設備などの増強を行わずに、リソース（生産資源）はそのままで、生産順の変更などで、特にお金を掛けずにスケジューリングで生産性を上げることである。

　この事例は生産管理の基本である、ステータスクオの実践による効果を示したものである。この工場は、小型パン工場ではあるが、卸のベーカリーなので生産する製品の種類は、食パンから菓子パン、調理パンまで多数ある。総員25名の製造スタッフで一日あたり平均140品種程度の生産を行っている。因みにこの工場の主要生産設備は、食パンライン、菓子パンライン、HMラインの成形工程に対して、生地を供給する仕込み用横型ミキサー2台、竪型ミキサー4台と、焼成用としてトンネルオーブンが2台、ドーナツフライヤー、包装機は3台であり、明確なライン編成ではない。

　従って夫々のラインは完全に独立しておらず、相互に生産リソースは共有されている。このように、成形3ラインに対して、2つのトンネルオーブンで焼成しているため、各ラインで成形され発酵された生地が、オーブンの入り口で競合してし

まって、時々オーブン前は混乱状態にあった。従ってオーブンの込み具合を見ながら、作業者はホイロで発酵常態を調整し、いわゆる経験と勘で、順番に製品を焼成している状況であった。

その為に自然と製品毎の切替え時間の間隔は長くなっていた。焼成のタイミングを計りながらホイロを取るため、ホイロ時間も長くなる傾向にあるのは当然である。結果として非効率な生産をしているが、これまでこのような生産状態を、社内で特に問題だとする認識もなかった。

生産が複雑であると言いながら、実際に生産スケジュールを本格的に検討した工場は少ない。この事例の工場でもその例にもれない。この工場の現実の生産状況を生産ガントチャート＊に示した。この図はマイクロソフト社のエクセルを使用して、筆者が実際の製造記録に基づいてマニュアルで作製したものである。横軸は時間で左から右に進行し、縦軸は工程であり上から下に工程は進行する。従って製品の流れは、時間と工程段階に従って、製品を示すバーは左上から右下に向かって移動する。工程ごとに示されるバーはその製品の工程における所要時間を示している。斜めの細線は同じ製品をつなぎ、製品の流れを見やすくするための補助線である。

図表4－19は或る年の5月31日における、実際の生産状況を示すガントチャートである。図表4－19から見るこのパン工場の生産は、バーの長さが短いことより、典型的な多品種小ロット生産である事が分る。食パンを除くほとんど全ての製品は、発酵（ホイロなど）や焼成（オーブン）など、通過に時間が必要なもの以外の、工程におけるロットの所要時間は数分程度である。ロット毎の生産数は極めて小さい。

その為に、数分から5分程度の加工時間で、製品の切替えをしていることになる。実際にロット毎の生産数は数十から数百である。生産の進捗は生産スケジュールがないために、成り行きで実行されている。例えば最初の製品である食パンは、本捏が0時30分くらいには開始されているので、通常包装は3時半くらいには終了するはずであるが、焼成後1時間30分の後の5時前になって、やっと包装は開始されている。これでは何のために朝早く出勤して、作業をしているのか分らない。

このような工場では生産管理とか生産性とか、効率的な作業に対する発想が欠如している工場が多い。実際、成形ラインに対してオーブンの数が不足しているにも

＊ガントチャート　作業日程などの進捗状況を管理するためのチャート。作業別に工程の進捗状況を予定と比較することができるので、工程の遅れや問題点などがチェックできる。名称のガントは創案者のヘンリー・L・ガントから取ったものである。

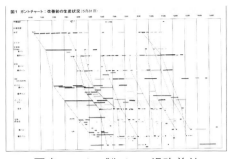
図表4-19　製パン工場改善前
生産スケジュール*

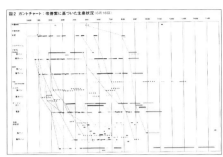
図表4-20　製パン工場改善後
生産スケジュール*

> 上から下へと工程が流れ左から右へと時間が流れる上のガントチャートを左右見比べると、左は、製品の作り始めから完成までの所要時間が長く、線の傾きが緩やかになっている。対してこれを元に、分析を試み、改善生産スケジュール等を作製し、実行してみると、右図のように製品完成までの所要時間が短縮された。

関わらず、例えばガスオーブンでは9時前から10時過ぎまで空きがあり、リソースの有効利用がなされていない。このように効率の良くない工場では、生産の流れを示す補助細線の傾きが、効率的な工場の補助細線の傾きに比較して緩やかになる。すなわち製品の作り始めから、完成までの所要時間（メイクスパン）が長い。

　筆者は5月31日の実際のガントチャートを元に、今まで成り行きで製造されていた工場の生産工程を、工場のリソース、時間ごとの労働力や製品の納期などを配慮しながら、代表的な製品に注目して守るべき製造条件や、段取り時間の短縮を試みながら、この工場の実力で実行可能な、改善生産スケジュール案を作製した。5月31日の実績との主な相違点は、納入先から午前納品を求められている、菓子パン類の製造開始時間を2時間半ほど早めて、近隣の販売店に対しては午前納品を可能にしたことと、食パンの焼成開始から包装開始まで2時間所要していたが、1時間余りまで短縮させた。その結果、製造の開始から終了までのメイクスパンが相当短縮するはずである。この改善ガントチャートの時間に基づいて、現場に生産を実行するように指示をした。

　図表4-20は、その指示に従って生産した、6月16日の実際の製造記録のガントチャートである。5月31日の実際の記録である図表4-19と比べて分るとおり、補助細線は傾きが急になり、ガントチャートのバーの隙間がつまり、手待ち時間が短縮され、そのメイクスパンは大幅に短縮された。このように生産は効率化された

が、生産設備の増強や改善、人員の補強など、生産リソースの増強は一切行なわれておらず、スケジュールの変更だけで、時間当たりのスループットは増大し、生産の効率化は実現された。この例からも生産スケジュールが重要であるかが分る。

ちなみにこの工場では、現実に残業時間が大幅に減少し、月間の残業費が100万円削減された。この他にも、今まで実現できなかった、菓子パン類の午前中納品が可能になった。当日の製品を午前中に店舗に納品できる事は、ローカルメーカーとして重要なポイントである。このように製品の生産順や生産の組合せを変えること、即ちより良いスケジュールを作ることで生産の効率は上がる。これはパン以外の製麺、水練り製品など、他の加工食品工場でも同様である。しかし残念ながら現在、多くのプロセス型食品工場の多くは納期に振り回されるだけで、このような認識を持っている工場はまだ少ない。この工場では勿論残業の減少分の賃金は、従業員に対して配慮された。

生産性に問題があると考えられている工場は、一度その生産スケジュールを見直していただきたい。設備や人員の増強をしなくても生産性は向上する。これは生産性向上の原点である。但し工場は生き物であり、製品の改廃、季節による製品構成比の変動、社員の入れ替わりなどが起こり、改善スケジュール案を自ら作成できる能力がなければ、この状況を恒久的に維持することは難しい。

また現実的には、手作業でこのようなスケジュールを毎日作成することは困難である。そのためには生産スケジューラなどの、IT（情報技術）活用が急務である。しかし一般的に食品工場の従業員には、ITリテラシーの高い人が少なく、ITを活用する技量が不足しており、これを改善することは加工食品製造業の共通的な課題である。

 キーポイント

- お金をかけずともスケジューリングで生産性は上げられる
- 良いスケジュールは労働時間の短縮にもつながる
- 生産スケジューラなどのITの活用も急務

実践事例 5
スケジューラを導入してみる（中規模パン工場）

　生産の効率化に取り組む場合、現状のリソース条件のままで改善する方法がある。前の事例では手作業でメイクスパンの短縮を図ったのに比べて、本事例はスケジューリングソフトの活用により短縮を試みたものである。

　数十品目の製品を効率よく作るためには、アイドリング時間を最小とする順番を考えなければならない。そのアイドリング時間は生産品目数が増加すると間違いなく増加する。それは製品数の増加により、生産が複雑になるからである。そのために多品種生産の食品工場の生産スケジュールを作ることは極めて困難で、前述のように毎日手作業でスケジュールをおこなうことは、事実上不可能である。この事例ではITを利用した生産スケジュール作成による生産性の向上の例を紹介する。

（1）生産管理ソフト導入の効果

　工場の生産条件は受注により毎日変化し、ラインの状況も変わっていくので、完全な導入前後の比較を行うのは難しいが、実例を挙げて導入の効果を説明したい。ソフト導入以前はこの工場でも他の工場と同様に、経験と勘に基づく生産が行われていた。ソフト導入以後は、生産条件を入力してソフトにより作成された、生産スケジュールによる実行可能な工程指示書に基づいて生産しているので、ほとんどその指示時間通りに生産は実行されるようになった。

　①バラエティブレッドラインのソフト導入以前の、実際に製造日報の生産記録を使用して、筆者がエクセルを使用してガントチャート図表4－21を作成して、これを導入以前の実態としてコントロールとした。これに対して当日と全く同じ生産品目ごとの生産数を、ソフトに入力してスケジュールを作成したものを図表4－22に示した。これをソフト導入後の実力とした。尚この日の出荷条件では各製品に納期の指定は無かったので、納期指定は行わなかった。ところが両者を比較すると、その結果はまったく同じ生産指令にもかかわらず、メイクスパンは約3時間短縮されていた。これはメイクスパンが約30％短縮されたことに相当する。現在は導入以前に比較して、3時間程度メイクスパンは短縮している。

　②実際の生産性向上効果については、この工場の図表4－23の食パンラインの月別人件費に現れている。ソフト導入により、上記のようにメイクスパンが短縮したために、人件費率は実線のように従来の約10％から約7％に、使用開始3ヶ月ほど

第4章 キーポイントですぐできる実践事例

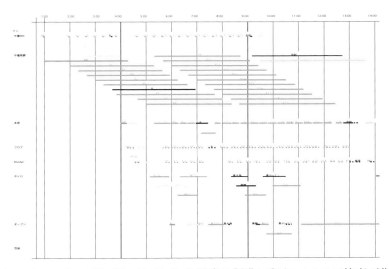

図表4-21　パン工場バラエティラインの現実の製造工程をエクセルで筆者が作成

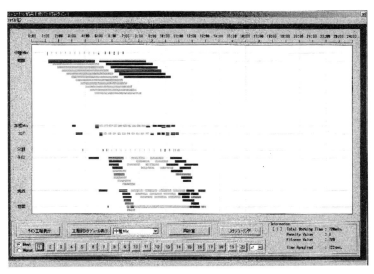

図表4-22　上図と同じ条件をスケジューラでスケジュール

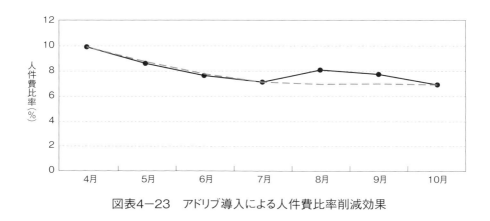

図表4−23　アドリブ導入による人件費比率削減効果

で30％程度減少した。なお図では8月、9月と人件費率が増加しているが、生産が減少する夏場の時期に有給休暇取得を勧めているので、出荷額に対する給与支給金額は増加し、この期間の労働比率は見かけ上上昇している。実際には図の破線のような状態であったと想像される。

このようにITの利用による人件費削減効果は大きいが、それがメイクスパンの縮小によることであることも確認された。食品工場はメイクスパンの短縮により留意して、生産せねばならないことが確認されたと言える。食品産業の生産性は、全産業の平均生産性より40％程度低い。このようにIT手法を取り入れることは食品製造業が今後とも持続的発展をするために必要なことである。

キーポイント

- 多品種生産の食品工場の生産スケジュールを手作業で作ることは不可能
- 生産管理ソフトの導入でメイクスパンが短縮
- IT活用による人件費削減効果は大きい

実践事例 ❻
ジョンソン法（生産順序）をやってみる　こんにゃく工場

　この事例はこんにゃく工場である。この工場では10種類程度のこんにゃく関連製品を製造している。この工場は板こんにゃくの連続生産ラインを所有しており、こんにゃくいもの粉砕から練りを行い、練られたこんにゃくがノズルにより蒸煮釜に投入されている。蒸煮した物は冷却された後、時間当たり約2500丁の処理速度で包装される。このラインではこんにゃくいもの粉砕から蒸煮まで連続（いわゆるゴムバンドが強い）して行われている。これを一連の前工程と考え、包装を後工程と考えれば、このラインは2工程で構成されていると考える事ができる。板こんにゃくには通常のサイズの物と、半丁の物がある。半丁サイズの物は同じ生地量で2倍の個数ができるので、同じ生地量で包装時間は2倍掛かることになる。同じ生地の半丁と通常品の生産は連続して行われる。

　この事例の課題は通常品と半丁のいずれを先に生産したほうが、メイクスパンが短くなるかである。フローショップの生産において、2工程の製造工程を持つ製品の生産の総所要時間を、最小にする生産方法を求めるのにジョンソン法がある。

　ジョンソン法とは、前の工程での処理が終了してから、後の工程での待ち時間を最小にするために、前工程は処理時間の短いジョブ（仕事、製品）の順に、後の工程は処理時間の長い順に割り付けるというルールである。ジョブが多い場合はその原則に従って、まだ割付の終わっていない全てのジョブのうち、最も処理時間の短い操作を探して、それが前の工程のものである時、そのジョブを前から割りつけ、後ろの工程であれば、後ろから割り付ける。割りつけの完了していないジョブの中から次々に、全てが割り付けられるまでこれを繰り返すことになる。図表4－26は製品A（前工程2時間＋後工程1時間）と製品B（前工程1時間＋後工程2時間）の二つの製品をいずれの順番で生産した方が短時間でできるかを示したものである。これはジョンソン法の原則どおり前工程が短時間で、後工程が長時間掛かるものを先に生産した方が合計の生産時間が短くなることを示している。

　ところが全てがこのように簡単にいかない。上にあげたジョンソン法の例では生産ロットのサイズが考慮されていない。製品Aを1個作る場合は前工程が2時間で、後工程が1時間である。しかし1時間に2500個作る能力があるとして、2500個作ったらどうなるであろうか。実際の場合このような連続ラインで生産する場合に1個ということはなく生産の所要時間は　1個の加工所要時間＋個数×タクトタイ

図表4−24　こんにゃく製造ライン吐出ノズル

図表4−25　包装作業

> こんにゃくを作る前工程とそれを包装する後工程からなる生産ラインでは通常品と半丁品が連続して作られているが、これでは効率が悪いので、生産の総所要時間を最小にするためジョンソン法を使った。

ムになる。このようにロットサイズにより生産の所要時間は変わるが、図表4−26、図表4−27のいずれも前工程と後工程が同時に稼働している時間が長いほうが総生産時間は短くなる。

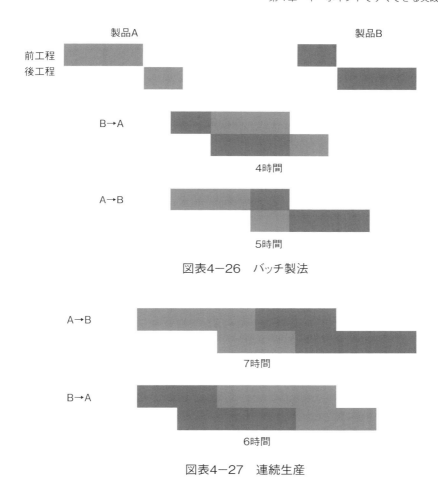

図表4-26　バッチ製法

図表4-27　連続生産

　バッチ製法（一度に投入し、一度に取り出す）であれば、個数×タクトタイムは無視できるのでジョンソン法は成立するが、連続生産ではジョンソン法は生産個数により生産の処理時間が異なり成立しなくなる。バッチ製法においても、生産個数が1バッチで処理できる量より多いか少ないかによって、変わる事は容易に想像できる。すなわちバッチの数が変わるからである。

　日配の食品工場で案外多いのは、ロットのサイズが工程の所要時間より短い場合である。中小のパン工場や水練り工場でよく見る。このモデルで説明すれば例えば製品Aを例に取れば、前工程は2時間であるが、実際に2時間連続して生産する例

175

は案外と少ない。実際にこのこんにゃく工場の場合、前工程に相当する粉砕から蒸煮まで所要時間は42～3分で、練りに投入後この時間が経過しなければ、包装は開始することはできない。従って42～3分以上ノズルから蒸煮釜に連続放出する生産量がなければ、ロットの先頭が包装機に到達してときにはノズルでの放出は終わっていることになる。

　この工場ではこのような考えで生産順序を変えて、従来の生産時間より1時間生産時間が短縮された。時給を2000円にしても15人が1時間勤務時間を短縮すれば15人時になり、1日当たり3万円のコストが削減されたことになる。1年で考えれば約1000万円になり、生産順が如何に大切であるか理解いただけるであろう。

　このほか製品の切換に要する時間も考慮しなければならない。実際食品工場では、色、香り、混入物、アレルゲンなどの理由で、洗浄などに時間がかかり、機械工場の製品の切換のようにいかない例が多い。従って生産順を考える場合は切換に要する時間も考慮に入れておかなければならない。

　ここでは2工程の例をあげたが、実際には生産工程は2工程以上あるものが多く、製品の種類が1ラインあたり10種類をこえれば、人間技では考えることは不可能であろう。品種の少ないラインでは、このような考えで生産性の向上は可能になるが、生産品目が多い場合は、前事例のように、IT活用を考えるべきである。上述した生産スケジュールやスケジューラの事例の中身は、根本的にはこのような思考の延長線上にある。ほとんどの製造業において生産性向上はリードタイムの短縮に基づいたものであるが、食品製造業の生産性向上の鍵はメイクスパンの短縮にある。しかし生産の製品の種類が多いとこのように簡単にはならない。食品製造業においては小日程スケジュールの良し悪しで、生産性が決まると言ってよい。食品製造業においてスケジュールの大切さを再認識してほしい。

キーポイント

- ジョンソン法のルールは、前工程は処理時間の短い順に後工程は処理時間の長い順に割り付ける
- 食品工場で生産順を考える場合、切換に要する時間を考慮に入れる
- 食品製造業では、小日程スケジュールの良し悪しで生産性が決まる

実践事例 7
レイアウト・生産整流化と作業のムダ・IE

(1) レイアウト変更　作業の流れ　水産加工場の事例

　この事例は塩干品の小規模水産加工場である。図表4-28は加工された塩干品をサイズにより、商品ランク分けする選別作業である。背中を向けた作業者は、ローラーコンベア（コロコン）上のスチロール箱に載せてある塩干魚を一つずつ、選別機の皿の上に置いていく作業をしている。コロコンは自動選別機に対して、作業者の後方に選別機の平行の位置関係に置かれている。その為か或いは利き手の関係か、作業者は塩干魚を載せる為に約270度時計方向に回転しながら作業をしていた。

　筆者から見てその作業動作は窮屈に見えたので、投入用の塩干魚を載せてあるコロコンの台を移動して、図表4-29の様に選別機に直角な位置に移動した。作業者の選別機への投入はコンベアの向きを変えたことで、回転移動は少なくなり作業は格段にし易く楽になった。しかし作業者によっては、作業の移動の少ないやり方について理解ができず、非効率な作業の仕方で作業を続ける者もいた。食品工場の作業の中には、IE的発想でかなり楽になるものがある。作業の中には以前からの習

図表4-28　自動計量器への投入
　　　　　　従来作業

図表4-29　自動計量器への投入
　　　　　　作業改善

左の写真では作業者は選別機に魚を載せる為に身体を大きくひねらなければいけなかったが、右の写真では台を移動することによって回転移動は少なくなった。一つ一つの作業のやり方を考え、作業者に効率の良い楽な作業のやり方を教える必要がある。

図表4－30　急速冷凍機への投入従来　　　図表4－31　急速冷凍機への投入
　　　　　　　　　　　　　　　　　　　　　　　　　補助板追加設置

> 左の写真では、台に余裕がなく、コンベアが移動するのを待たねば次の作業ができなかったが、右の写真では手前に補助板を設置し、魚を置けるスペースをつくって待ちをなくし省人化を実現した。

慣、或いは惰性によって行われているものがかなりある。食品工場では一つ一つの作業のやり方についてIE的検証を行い、作業者に効率の良い楽な作業のやり方を教える必要がある。

次の図表4－30は選別した塩干魚を冷凍保存するために、塩干魚を急速トンネルフリーザーに投入しているところである。トンネルフリーザーは約20分かけて塩干魚を凍結するために、トンネルフリーザー内に塩干魚を運搬する、ネット状のコンベアはゆっくり移動する。そのため塩干魚をこのコンベア上に並べたら、魚体の長さ分だけコンベアが移動するのを待たなければ、端に魚を並べると落ちてしまうので、次の塩干魚をコンベア上に置くことはできない。図表4－30はその為にコンベアが移動するまで、魚を抱えたまま手待ちとなっているところである。ところがコンベアに魚を置くスペースができてから並べ始めると、作業遅れが生じてしまいフリーザーの能力一杯に魚を投入できなくなる。

これを避けるためにフリーザーの手前に補助板を設置した（図表4－31）。これならコンベアの端においても魚が落ちることはない。その為コンベアに大きな空スペースがなくても魚が並べられるので、写真では2名作業者がいるが、1名で投入する事が可能になった。1名の省力化で大幅な生産性の向上である。しかしこの例のようにコンベアの移動方向に魚を直角に並べる必要はない。コンベアの移動速度に同期して斜めに魚を並べると補助板がなくとも無理なく並べられて効率が上がる（拙著：食品工場の生産性2倍参照）。

第4章 キーポイントですぐできる実践事例

（2）ラインバランス　野菜工場

　この例は地域大手流通の野菜パック工場での作業である。作業を一目見て全体的にラインバランスの悪さが目立った。しかし工場としてはこの状態に気づいていない。管理職が作業の進行をパートの班長に任せている（差立てをパートが行っている）。これは正社員が適切な作業指示をしていないために起きている。例えば、このさつまいものパック作業をA、B、C、D、Eの作業者で行っている場合。作業台でA、Bが計量をして、C、Dが袋詰めする場合、仕事の速度はそれぞれほぼ8p／分、この時Eがコニクリッパ（ビニール袋の口をクリップする機械）でクリップの作業をする速度が22p／分であったとすると、$22 - 8 \times 2 = 6$になり、Eさんは

図表4-32　従来のサツマイモの包装作業

図表4-33　改善後のサツマイモの包装作業

> ラインバランスを考えて、それぞれの作業にかける人数を変えていった。また使う器具の位置も大切になる。図表4-32の写真では袋を左手で持っているため移動が必要になるが、図表4-35の写真では右手でもてるようにし、無駄な移動を削減した。

図表4-34　自動計量装置

図表4-35　コニクリッパ

6/22/分の手持ちになる。

　もう一つのパターンはA、Bが計量、C、Dが袋詰めでC、Dのいずれかが時々クリップ作業、この場合、計量と袋詰めのバランスが崩れ、製品は脈流として流れている。しかも生産のスピードは実質的に恐らく半分になる。即ち計量の人は作業能率を半分に落としている。ザルの返還回転が悪いと他の人がザルの移動を手伝う必要が生じ、他人の効率まで落としてしまう。

　この手詰め作業は4名×2組の人で実施している。改善案としては、2組を1組に統合し、クリップ作業は計量、袋詰めの約3倍の速度で実行できるので、計量、袋詰め、各々3名に対して、クリップ作業は1名でバランスが取れるはずだ。この場合は（8×3）/7≒3.42となりかなり生産性は向上する。また特に安定の悪い商品を除いて作業台で作業を完結する必要はなく、コンベアの下流でクリップすればクリッパの台数は1台でよい。コニクリッパを取り扱う時の手の位置も効率に影響する。図表4－32では袋の上部を左手で持っているが、図表4－35では右手で持っている。利き腕にも関係するが、両者が右利きだとすると、図表4－32では一旦左に移動しなければコンベア上に、パックした野菜を置けないが、図表4－35ではそのままコンベア上における。使用する機器の構造を考え作業の動作を決める必要がある。これもIE的発想である。同時に行っているニンジンの自動計量装置のグループの包装速度は25袋/6人/分で約4袋/人/分である。これは手作業の16袋/5人/分の2.5割程度の効率化しかならない。高価な自動計量装置の償却を考えると、導入するかどうかは微妙なところである。

（3）スライサーの位置　畜産工場

　肉のスライスラインはコンベアの進行方向に対して、左右でスライサーと作業者の位置関係が異なる。そのために片側の作業者は、大きく動か（回転）なければならない。作業効率を考えてスライサーの向きは、適切な方向に統一した方が良い。また作業者の身長とスライサーや作業台の高さが適切でない場合がある。作業者が疲れないように調整することも、生産性向上には極めて大事である。

　各スライサーに夫々計量器が備え付けられているが、支持台の水平レベルが合っていないために、数グラムの測定誤差が見られた。コンベアの上にスライス肉を入れたトレーを、進行方向に向かって縦に置くので、箱取りの人が必要以上に忙しい。トレーどうしが競り合って製品を傷める可能性もある。コンベアの長さ、移動速度、載せる物の大きさにより、物を置く位置を考えなければならない。

　また番重の位置が低い為に入れにくい場面もあった。スライサーの掃除の時に使

第4章　キーポイントですぐできる実践事例

図表4－36　ミートスライサーの向き

図表4－37　作業姿勢

左の写真では片側の作業者が大きく動かなければならない。作業効率を考えるとスライサーの向きは、適切な方向に統一した方が良い。また右の写真では作業する位置をやりやすいように調整する必要がある。

い終えた包丁を使うが、使い辛そうだし不安定だ。包丁の先を落としてスライサーの刃と角度が取れるようにした方がよい。電源コードが邪魔になっているスライサーがあった。責任者が工場を巡視する場合、漫然と作業を見るのではなく、作業を阻害している物はないかといった見方をすれば、今まで気付かなかった作業の障害を発見することができる。細々としたことはなかなか分りづらいが、管理監督者が作業の状態をキチット見て問題を適切に処置すれば、生産性はまだまだ向上する。これもIE的な改善である。管理監督者がIEについて理解すれば、食品工場の生産性は確実に向上するはずだ。

（4）自動計量器の調整　水産加工場

　この事例は水産加工場でのちりめんの自動計量包装である。著者が工場に入った時、青口ちりめん包装を行っていた。空の包装紙が5、6袋に1袋の割合で包装機から出ていた。早速原因を調べてみると、ちりめんを入れた自動計量器のホッパーからの、放射状の受け皿への供給量が図表4－38のように、少ない箇所があるために、袋の内容重量が少なすぎて供給ホッパーに2回投入される現象が発生し、これで過重量になって、排出ホッパーの方に排出されているようであった。
　そこでちりめんの供給のアンバランスを解消するために、振動コンベアの供給センサーや、放射状の受け皿のちりめんの山を調整する、供給センサーを調整したところ大幅に改善した。この問題は以前から発生していたはずである。解決に高度な

図表4-38　自動計量器　計量不良

> 上の写真では自動計量器のホッパーからの放射状の受け皿への供給量がアンバランスで、空の包装紙が出ることがあった。しかし振動コンベアや放射状の受け皿のセンサーを調整したところ下の写真のようにバランスよく投入されるようになった。

図表4-39　自動計量器　バランス改善

技術が必要ないにも拘わらず、このような調整ができないことは工場の管理上の問題である。空の袋が発生することに対する問題意識の欠如がこのような状態を引きおこしている。

　包装ロスを減少するための工夫としては、受け皿の上のちりめんの山の管理がポ

イントであるから、オペレーターおよび箱詰め作業者の位置から、ちりめんの山がよく見えるように、カーブミラーのようなものを設置すると、自動計量器への投入の状況が良くわかり問題に気付きやすくなる。また袋への投入ホッパーのセンターがずれているため、ガイドによりホッパーの先は袋には入るが、袋が傾く為にちりめんの上部は傾いて入る。このため袋の接着部分にちりめんが入り、包装し難くしている。袋の開口用の吸盤も微妙にずれている。IEの根本は生産性の障害はないか、もっと効率を向上する方法はないかと、目を見開くことである。そのような考えで工場を見渡せば、必ず問題はあるはずである。何度も言うが問題は宝である。IEは宝探しの手法とも言える。

(5) 生産の流れの方向　整流化　小規模パン工場

　客の動きを想定して、必ず客動線を考えて売場は形成されている。例えば客の滞留時間が長くなるように、商店の客動線は顧客が不快に感じない程度に、客の効率よりも売上が上がるように工夫してあるはずだ。それは顧客の移動距離の短縮よりも、お店の売上が重視されているからである。工場の中にも動線がある。こちらの作業動線は作業者の移動線である。移動中は作業ができない。その為に作業動線は作業が効率的にできるように距離は短く、相互に障害にならないよう交差しないように工夫しなければならない。

　この事例は小規模パン工場におけるスコーン生産の例である。この作業のやり方はこの工場の作業を象徴している。また多くの食品工場での作業者の移動とも共通点がある。作業の動線からこの工場の作業の実態を再現する。これまで行われてきた、スコーンの生産時の動線について作業の順番に沿って作業内容と移動の状態について記載すると、①ミキサーで捏ね上げた生地を抱えて運び、10mくらい離れた作業台の上に置く、これを分割して右に移動する。②この生地を右に移し、分割用の円形のゴムパネルの上で、パネルに合わして成形する。③生地の乗ったパネルを持って、作業台2台分（3〜4m）ほど左に移動し、分割丸め機に挿入してスイッチを入れる。④作業台2台分右に移動して元の位置に戻り、生地をパネルに合わせる作業を続ける。⑤分割丸め機が停止したのを確認したら、作業台2台分移動して分割丸め機のところに行く。⑥分割丸め機から、丸められた生地の乗ったパネルを取り出し、これを通路の反対側の作業台の左側におく。⑦パネル上の生地を右側の冷凍用のパッドの上に並べる。並べ終わったらパッドを約5m離れた冷凍庫に入れていく。この作業を繰り返して、動き回わりながら作業を続ける。この動きの概要を図表4－46に示す。パンを作るためのエネルギーと移動に要するエネルギーのど

図表4-40　①生地大玉分割

図表4-41　②右に移動する

図表4-42　②、④パネルに合わせて成形

図表4-43　③分割丸め機に入れる

図表4-44　⑤分割丸め機が停止したら取に行く

図表4-45　⑥反対側の作業台に置く

> 最初から最後まで人の移動がついて回る。ムダな動きをなくすためにレイアウト改善が必要な例だ。

第4章　キーポイントですぐできる実践事例

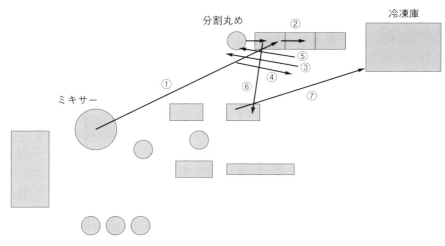

図表4-46　作業移動図

ちらが大きいのであろうか、いかに不合理な作業動線であるか、移動の少ない工場レイアウトに、早急に改善する必要がある。

　この節では、生産のレイアウトと整流化とIEについて述べてきた。いくつかの事例の課題において、生産性を向上するためには、従業員が生産に対する知識と、熱意を持つことが大切である事を理解頂けたと思う。「生産とは人作りである」という話を聞かれたことがあると思うが、工場の生産性を向上するには、従業員が生産の問題点に気付き、それを改善する知識と発想力と熱意を持たなければ達成できないからである。

　キーポイント

- 以前からの習慣、惰性によって行なわれている作業は、見直しが必要
- 補助スペースを作るだけで生産効率が上がることもある
- ラインバランスを考えて作業者の数を決める
- 無駄な移動を減らす意識をもつ

実践事例 8
仕事量と労働力の投入を考える（大規模パン工場）

（1）仕事量

　大規模パン工場の労働人時投入の実態を図表4-47に示す。この図は生産管理ソフトにより作成したものである。図は上部の従業員別の勤務時間と休憩を示すガントチャート部と、下部の時間ごとの仕事量と供給労働量を示すヒストグラムから構成されている。横軸は時間で17時（午後5時）から翌翌日の午前3時まで表示されている。この工場では当日の午後7時30分から作業が開始され、翌日の午後5時まで労働力が供給されている。図の上の薄灰色部分が作業者毎の勤務時間で、白色の部分が休憩を示している。この薄灰色の部分を時間毎に積み上げると、時間毎の作業者数になり、下図に薄灰色で示されている。

　下の図の縦軸は人数である。この図の灰色部分は、生産スケジュールから算出された、1分毎の合計仕事量である。この仕事量は付加価値労働のみを示している。従って最低限必要な人数であるから、灰色の仕事量に対して薄灰色の労働量が不足すると、当然作業の停止などの作業遅れが生じる。反対に薄灰色部分が灰色を上回ると、仕事量に対して過剰の労働力が供給されていることになる。この場合、この

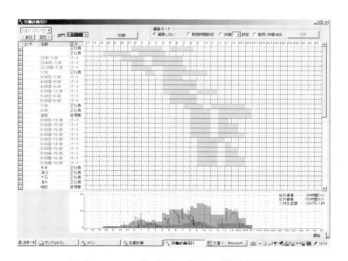

図表4-47　仕事量に対する供給労働量

製造日の算出付加価値労働の総仕事量は68.85人時であり、供給総労働量は150.5人時になる。必須の非付加価値労働もあるので両者の差、81.65人時が即浪費された投入労働という訳には行かないが、このヒストグラムから見る限り、相当量の労働力が浪費された（活用されてない）ことは間違いない。

（2）非付加価値労働量

　工場により必要な非付加価値労働量は異なるが、仮に付加価値労働人時の50％の、間接労働人時が必要だとすると、付加価値労働の総仕事量は68.85人時であるから、$68.85 + 68.85 \times 0.5 = 103.275$となり、103.3人時が適切な供給労働量となるはずだ。もしも30％で生産できれば、$68.85 + 68.85 \times 0.3 = 89.505$となり、90人時が適切な労働量となるはずだ。仮にこの工場が低生産業種の平均である、全製造業の生産性の51.5％で運営されていたとして、上記の付加価値労働に対して30％の非付加価値労働比を達成すれば　$0.51 \div 90/150.5 = 0.8528$　ほぼ85％となり食料品製造業の全製造業に対する平均生産性59.9％を大きく上回ることになる。このように不要な非付加価値労働時間削減は生産性向上の鍵である。

（3）労働力浪費の原因

　もう一つの労働力が浪費される原因は、生産スケジュールによる労働負荷変動（仕事量）のピークと、労働力供給のピークのずれが、労働力の浪費を作っている。それを図表4－47から探ってみると、この工場の仕事のピークは午前5時から8時半と、午後1時から午後3時にかけてであるが、投入労働量のピークは午前8時から午前11時である。この時間帯の仕事量は少ないにも関わらず、多くの労働量が投入されている。この時間帯では仕事もどきが行なわれていた可能性がある。しかしながら多くの食品工場は煩雑な生産状態で、手計算で毎分毎の労働量を算出することは現実的には不可能に近く、どの時間帯にどれだけの仕事量が存在しているか、掌握している工場は殆どない。

　仕事のピークと労働量のピークが異なっていることは、下に掲げた工場の効率的な運営条件③に反している。②の条件を満足する為には正確な生産スケジュールと、その労働負荷が算出されなければならない。次に③の勤務パターンである。この工場の場合、午前7時からと午後2時過ぎに2、3人の労働力不足が見られている。製造部門は労務部門に対し、早朝の作業者補充を依頼したが、労務部門は早朝の補充は難しい為に、通常の勤務時間である8時、9時からの従業員を補充した可能性がある。

ヒストグラムをみれば、このような状態にあるのは理解できるが、発生する仕事量と供給される労働量を対比できるソフトウェアの導入がなければ、時間ごとの仕事量は生産現場では掌握できない。

　もう一点は④の勤務パターンである。ガントチャートから見られるように、多くの作業者は非正規社員のパートタイマでありながら、多くが6時間以上の勤務を行なっている。これは必要な時間帯に、必要労働量を投入するためというよりも、正社員に代わる安価な常用の労働力として、パートタイマを捉えているために起こったと考えられる。この現象はいわば必要な仕事に対して必要な労働量を供給する⑤ローコストオペレーションの意識の欠如による現象である。

　低生産性業種食品工場の生産性を向上するためには
① 現在行なっている作業の行ない方をもう一度見直し、効率的な標準化した方法にあらためる。これを周知させる。
② 必要に応じて有効な冶具の導入・設備の改善なども検討する。
③ 手空き、手待ちの少ない効率的な生産スケジュールを作成し、生産に必要なメイクスパン（工場稼働時間）を減少させる。
④ 段取りを効率化して、段取り時間を削減する。
⑤ 効率的な生産スケジュールにおける、時間ごとの仕事量から必要労働量を算出する。
⑥ 時間ごとに必要労働量に合致した労働量を供給する。
⑦ 漠然とした労働量過多・不足ではなく、時間ごとの労働量の過多・不足を検証し、これを調整する。
⑧ 必要労働量を過不足なく供給できる勤務パターンを作成する。
⑨ 常にローコストオペレーションの意識を持ち工場運営をおこなう。

などの意識改革を含めた工場改革が必要であると考える。

（4）日本人の仕事に対する倫理観

　生産の現場ではこの労働力の浪費にほとんど気付いていない。それは恐らく日本人の気質、もしくは倫理観によるものであろう。「指示がなければ、仕事はせずともよい」が欧米的な考え方である。他方日本の従業員は手が空けば、何かしなければならないと考える。その結果、日本人従業員の多くは、仕事がなくなれば仕事を見つけてくるか、何かの仕事を作り出す。勿論これは悪意でもなければ、騙すつもりでもない。筆者は、これは日本人特有の倫理観、或いは労働に対する使命感のようなものと考えている。

その証拠に「彼はよく動く」と言えば日本では褒め言葉である。「彼は仕事の重要度を見極めて、無駄な仕事はしない」とは余り言わない。日本人は骨身を惜しまず動くことを、勤勉であると考えている。従って多くの管理職は「部下が動く」ことを期待し、「動く」と「働く（価値を生み出す）」の違いの本質を認識していない。この上司の価値観に応じ、従業員は手が空けば、何かしらの「仕事もどき」を行なう傾向がある。これら仕事もどきの中にはこまめな掃除、必要以上の整理整頓、頻繁なごみ出し、急がない仕事の準備等々などがある。一見すれば工場は勤勉に動いている。作業者は、不急で不必要な仕事でも動き続けるので、管理者は過剰な労働力供給に気付けないのである。

　このような中で、レイバー・スケジュールの考えによる人時投入が、生産性向上に有効である事は、一般には認識されていない。生産性が良いと言うことは、「労働、設備、原材料などの投入量と、作り出される生産物の産出量の関係が良いこと」である。従ってメイクスパンの短縮をはかり、これに応じた仕事量を見極め、必要な労働量だけを供給して、投入労働の効率化を図ることで、食品製造業の生産性を製造業平均の水準まで向上することも、不可能ではないと考えている。

キーポイント

- 不要な非付加価値労働時間の削減が生産性向上の鍵
- 労働負荷変動のピークと労働力供給のピークのずれが労働力の浪費を作っている
- 「動く」と「働く」の違いを認識しなければならない

実践事例 9
おみこしの理論　ライン間の仕事量の調整

　お祭りでおみこしを見る機会があろう。おみこしは大勢の人によって担がれている。ところで全員が、同じ負荷を背負っているのだろうか。一生懸命の人もいるが、担いだ振りをしている人もいるだろう。祭でのおみこしは担ぎ手の人件費を考えなくていいので（最近の担ぎ手には有給のアルバイトもいるかも）、過剰な人がいても問題はないが、経済性を問われる工場ではそうはいかない。

　例えば、作業者が8人の部門があるとする。図表4-48の大きいみこしは作業者を5人必要とする製品、小さいみこしは作業者を3人必要とする製品だと仮定する。AラインではA1、A2、A3の製品を生産し、BラインではB1、B2、B3、B4の製品を生産している。AラインでA2を生産している時、BラインではB2、B3を生産しているとすると、これらは小さいみこしなので合計の必要作業者数は6人になる。この時は夫々のラインで一人ずつが手空きになっている。反対にA3とB4を生産している時は、夫々必要な作業者は5人ずつで計10人になり、作業者が足らないことになる。この場合通常生産速度を落としたり、止めたり動かしたり断続的な生産の状態になってしまう。このような時には生産効率は極端に低下し、場合によっては他部門からの応援を求めたりすることになる。

　ところが仮にAラインのA2とA3の生産順序を変えてみると、生産の順序を変

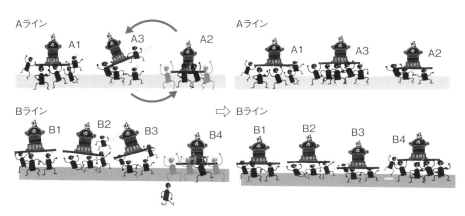

図表4-48　おみこしの理論

第4章　キーポイントですぐできる実践事例

えるだけで、夫々のラインは安定する。即ち部門の作業者8名だけで、トラブルなく生産をすることができる訳だ。この時他部署からの応援も不要である。以前なら断続的な操業となり生産効率が悪いか、或いはスムーズに生産しようとすると過剰な人員10名が必要になる。ところがこのように生産順を変えることにより、合計作業者数を平準化することができる。作業者の必要人員数を平準化することで、余剰な人員が不要になる。時間経過に伴う、職場内或いは職場間の合計人員数を再確認する必要がある。

　ある工場では夫々の部門の責任者は、それまでも他の部門の忙しさの程度は、受注数などから、ある程度は認識していたが、夫々の部門が各階に分かれている為に、夫々の部門で何時に、何人の人が必要であり、また何人が余剰になっているかまでは掌握できなかった。ところが生産ソフトを導入してからは、部門毎の人員の過不足が、工場の見える化機能により仕事量の変化で分るので、時間毎の作業者の過不足状況が、相互に情報として共有されるようになり、相互に作業者を融通しあう事ができ、無駄な人員の採用を抑制する事ができるようになった。

　必ずしも全てのライン、部門の繁閑は、完全に一致しているわけではなく、相互に融通し合えば作業者の増加を抑制できることを示唆している。生産順の変更により仕事の合計負荷量の調整もできるが、事例のように仕事量の変化に対して、労働の移動を行うことによってバランスをとることもできる。この図では、隣り合った

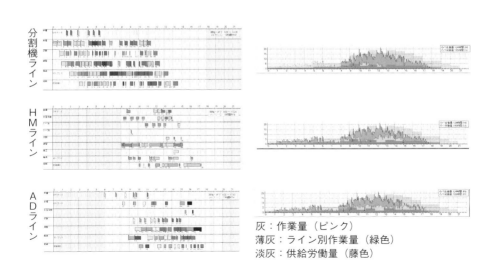

灰：作業量（ピンク）
薄灰：ライン別作業量（緑色）
淡灰：供給労働量（藤色）

図表4−49　ライン別スケジュールと仕事量

ライン間の負荷の調整を例に上げたが、同じ工程の上流と下流でも、あるいは事例のような別部門でも同じである。

（1）工場のライン間労働量調整

　実際の生産においては、生産順や工程による労働負荷量の変化、ライン相互間の負荷のアンバランスなどがあり、いくら単に形式的なスケジュールを仮に立てても、仕事の量と労働力の量が適切でないスケジュールは実現できない、絵に描いた餅になってしまう。仕事負荷量の変動の多い製品を多品種生産する工場では、工場の見える化、特に生産の見える化と労働量の見える化を実現した上で、スケジュールを作成しなければ、ただの形だけの計画になり、スケジュールを作成しても実現性が低く、現場ではそれを無視して作業をしてしまう状態になる。現在スケジュールを作成している工場の多くがこのような状態にある。おみこしの例も、実際の工場で頻繁に起きている現象である。時間ごとの必要労働量が平準化できれば、実際に必要な人員は減少できる可能性がある。

　現実のラインにおける仕事量の変化を図表4－49に示す、図の左の各ラインに対応する仕事量は右のヒストグラフ中の薄灰色で表される部分である。灰色の部分は各部門の仕事量である薄灰色の部分の総和で工場全体の仕事量を示す。工場の仕事量は図に見られるように、刻々と変化している。負荷量の多い部分と少ない部分をおみこしの原理に基づいて平準化すれば、仕事負荷量が均一化されて、灰色が低くなり、供給労働量は削減できる可能性がある。

　電機や自動車などの労働負荷変動の少ないラインや、独立性が高く労働力などのリソース共用がないラインでは、このようなことは余り配慮しなくて済むが、1日の中の負荷変動やリソース共用の多い食品製造業の工場では、このような事も考えていかなければならない。これも組み立て型製造業とプロセス型製造業の大きな違いである。このような点を理解した上で、食品工場では生産計画なり、スケジュールを作成しなければならない。

> **キーポイント**
> - 経済性を問われる工場では過剰な人員は問題
> - 生産順を考えることで必要人員数を平準化できる
> - 時間ごとの必要労働量を平準化する

実践事例 10
阿弥陀くじ生産はダメ

奇妙な名称であるが、筆者が名付けた。実態はまさに阿弥陀くじに近い生産方法である。図表4－50はフローショップの生産ラインを、複数持っている食品工場のモデルである。この工場ではB、Y、G、Pの4つのラインを持っており、図のように配置されているとする。この工場のラインは4つの工程を持ち、それぞれの工程の長さは処理時間、幅は生産能力だとする。それぞれのラインの能力は違っている。通常製品の生産は工程1、2、3、4のように進行する。ところが、特定の製品を生産する場合にそのラインのオーブンなどの生産リソースの性能と、その製品の特性がマッチしない時がある。例えば窯の入口の高さが足りないとか、特定の作業にコンベアが邪魔になるとかである。

その時、食品工場で時々見られるのが、隣のラインのリソースの使用である。即ち通常はラインの色と同じ色の線に沿って生産は進行する。しかし阿弥陀くじ製法で、例えばGのラインである製品を生産するときに、工程1と2はGのラインの生産リソースを使用するが、3工程だけPのラインのリソースを使用するようなケースである。そのような状態を示すのが、生産ラインの方向に直角な線である。そのような線が、数本入ると図のように、阿弥陀くじのようになる。通常それぞれのラインは図表5－51のような生産状態にある。この時生産の流れの中の、一部の工程

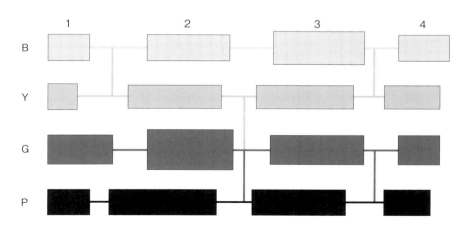

図表4－50　フローショップ並列ライン

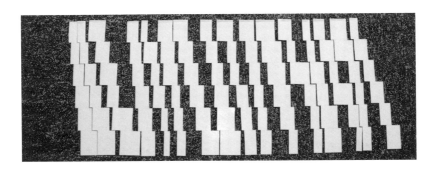

図表4−51　あるラインの生産順と工程稼働状態

のリソースが隣のラインと交換されると、今までライン毎に計画されていた生産スケジュールはまさに崩壊状態に陥る。

その理由は、それぞれのラインのリソースの能力が、図表4−50のように異なること（全く同じであれば交換する意味がない）と、相互のラインで生産していた製品のロットサイズや工程の所要時間が異なり、完璧に交換することはできないからである。即ちどちらかのラインが、隣のラインのリソースの処理が終わるまで、待たなければならなくなる。

それよりも問題が大きいのは、まさに阿弥陀くじの状態になることである。阿弥陀くじは読者もご存知のように、横棒を一本入れるだけでまさに当たりが予想できなくなる、それと同じようにこの図に垂直の線（阿弥陀くじの横棒に相当）を入れると、阿弥陀くじのように見える。図で阿弥陀くじに見えるが、実際は生産状態がとんでもない事になる。もしもこの方法で生産が実施できているとすれば、いい加減な生産条件で生産しているか、過大なアイドリング時間を設定して生産しているかのいずれかである。ところがこの阿弥陀くじ製法は、驚くことに、かなり大きな工場でも実行されている。もしもその工場が生産性の向上を目指し、標準作業条件を重要視していればこのような製法は恐らく不可能である。フローショップの工場においては、リソースの交換は絶対に避けるべきである。

 キーポイント

- 阿弥陀くじ状態になると生産スケジュールが崩壊する
- フローショップ工場においてリソースの交換は絶対に避ける

実践事例 11
生産管理ソフトによる仕事量と労働量の調整（冷凍生地工場）

（1）労働集約型食品工場の現状

多くの労働集約型食品工場は、多品種少量生産で手作り的な要素が多く、商品の特性による労働負荷変動が大きい。特に日配食品の場合は受注後短時間で生産出荷しなければならず、計画生産は難しく、生産スケジュール作成も困難で、生産は煩雑を極め生産効率よりも、納期に間に合わすことに専念しているのが実状だった。

労働集約型日配型食品工場のリードタイム短縮は難しいため、投入労働量を有効活用して、生産性を向上せねばならない。投入労働量（給与が支払われる勤務時間の合計）の内、価値の付加（創造）に使用されたものを付加価値労働とし、残りの段取りや手待ち・手空き、必要のない仕事、打ち合わせ、清掃など間接的な時間を非付加価値労働と定義している。生産性を向上するためには、投入労働量を減少させなければならないので、付加価値労働効率化（無駄のない効率的な作業）と、不要な非付加価値労働削減の必要がある。しかし現実には仕事量を正確に算出することは極めて難しく、仕事量に合わせて労働力を供給することは、現実的には困難であった。しかしITの進歩により、複雑な作業内容であっても、正確に仕事量を算出できるようになった。このような生産管理ソフトを導入することによって、実際にどのように非付加価値労働を減少して生産性を上げて行ったか、食品工場の実例を挙げて説明したい。

（2）導入工場事例

本例は冷凍生地工場である。この工場では複雑な受注条件のために、長時間生産を迫られて、一日24時間近い稼働になっていた。とにかく注文をこなすために、経験による工程管理を行っていた。製品の品種が多く計画生産はできていなかった。経験と勘の生産管理から、何とか新生産管理システムが作れないか模索していた。総労働時間とロス管理等を手作業とパソコンで行っていたが、それでは後追いになり今日をどうするかが精一杯で明日をどうするか考えることはできなかった。

非付加価値労働時間中に無駄な時間があると考え、非付加価値労働時間短縮を目標とした。システム導入後の1ヶ月程度で一日当たり約10人時の間接労働時間を減少させることができた。Ｐコストを1500円とすると1日1.5万円減少したことになり、通年では450万円になる。450万円の材料を捨てると大騒ぎになるが、450万円

分の労働時間は意識のないままに捨てられていた。それどころか以前は無駄と分からないことが多かった。あるいはやむを得ないと思っていた。労働時間短縮の効果が目に見える形で示されると、社員の対応が変わってきた。これまでは作業を科学的に見ていなかったことがよく分かった。生産速度が製品ごとに違うことは理解しているつもりだったが、実際に数値で表されると、これまで認識の半分の速度で生産していたことが分かり愕然とした。

（3）導入の効果

今まで生産時間単位は細かいもので5分刻みだったが、現在では1分単位で計画を行っている。1品で1～2分の無駄でも20～30品種あれば、トータルでは30～40分の短縮になることが理解され、現場の意識がかなり変わった。数値で見ると社員の意識は変わってくる。これまで気付かなかったラインの遅れが表面化した。原因は機械だと分り、機械の改善を行うことにより解決した。

以前の供給労働量は約250人時／日であった。付加価値労働の量は約150人時／日で、手空き、手待ち、雑作業、掃除などの間接業務が約100人時／日ほどであった。9月2日には灰色で示される仕事の終了が、予定供給労働よりも遅くなっている。従って少なくとも15人・時の残業が行なわれて、実際の労働時間は増加した。供給労働量は273人・時となり、付加価値労働時間は151.3人・時で、非付加価値労働時間は121人・時だったので、導入時の付加価値労働比率は投入労働量の55％程度しかなかった。

その後図表4-52のように、当初は薄灰色の部分（労働量）が広く見えたが、改善により供給労働量と仕事量が近づき、薄灰色が徐々に少なくなっていった。間接労働時間を半分に削減することを目標にした結果、非付加価値労働時間は120人・時／日から、11月には60人・時／日程度まで50時間以上削減できた。これはライン間の作業者移動による作業負荷量変化に対する労働量調整や、生産順序工夫、就労時間調整などを行うことにより達成できた。一日当たり50人・時の供給労働量を削減した訳だから、Pコスト1500円、稼働日を25日／月として、1500×50×25＝1,875,000円となり、当初の月150万円は超えた。このように260人・時／日の供給労働量で、直接労働比率は55％から75％まで向上した。

無論、作業効率はその日の条件により変化する。1月8日は11月10日、11日に比べ付加価値労働比率は低い。付加価値労働比率が80％近くになると、一人でも欠勤者が出ると工場が回らなくなるため、そのような事態が起きても、大きく生産の体制が崩れないように余裕を持ったからである。即ち生産の効率が落ちたのではな

第4章 キーポイントですぐできる実践事例

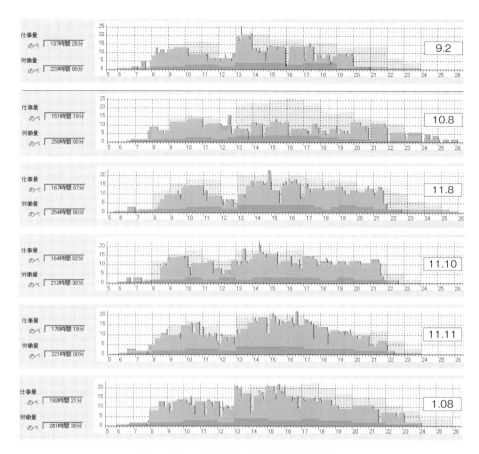

図4-52 仕事量と供給労働量の変化

く、安定的な生産を確保するために必要な労働量を確保したのである。それでも導入時点の55％に比べると、付加価値労働比は70％超とかなり高い比率を保っている。（図表4-53）

(4) 現場での作業

この工場では目標実現のために次のことを行なった。製品毎、工程毎の生産予定時刻が事前に印刷された製造日報用紙に、現場で担当者が実際の作業時刻を記入していった。計画と実際の時間がズレた場合は、その理由を必ず担当者が記入するようにした。当初は言い訳めいた理由も多かったが、それでもその理由を一生懸命考

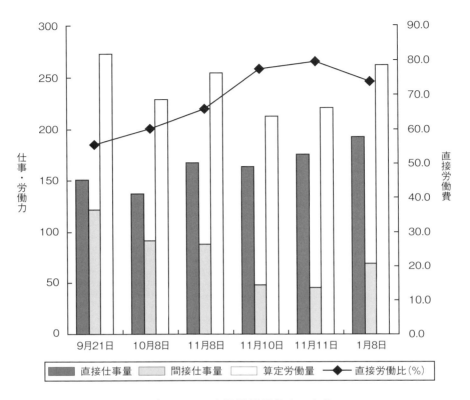

図表4-53　直接労働量比率の変化

えるために、作業効率低下の問題点が徐々に浮き彫りになって真の原因に近づくことができた。これはトヨタ生産システムにおける、あんどんシステムのライン停止原因を特定し改善を行なう方法に似ている。

　工場では翌日以降の予定スケジュールを掲示しているが、これにより作業者全員が翌日の仕事内容を事前に把握できるようになった。そのことから思いがけないことが起きるようになった。翌日の仕事のスケジュールを見て、パート社員が明日は今日より1時間早く出ましょうかとか、明後日は休みを取りましょうかとか、自発的に申し出をしてくれるようになった。ライン責任者から言われるままシフトにつくのではなく、職場全員で無駄のない作業シフトを作り上げるようになったのだ。

　今までのやり方では、複雑な作業に対しては、効率の悪くなる理由（言い訳）はいくらでも言えた。これまではその原因が分らず対策が打てなかったが、遅れなど作業分析ができるので、各自のスキルを上げることができている。生じた余剰人員

に別の仕事に回すことも出来た。当然、ライン全体の仕事のレベルが格段に上がった。生産条件も見直し、条件の変更を実証しながら進めている。機械の使い方、配合まで含めて見直していけば効果は今後も継続して向上できるはずだと確信している。

 キーポイント

- 生産管理ソフトの導入によって非付加価値労働時間を削減する
- 労働時間短縮の効果が目に見える形で示されると社員の対応が変わる
- 現場担当者が実際の作業時刻を記入、計画とズレた場合、その理由を必ず記す

コラム Column 『食品製造業で豊かに』食品産業生産性向上フォーラムに取り組んで（その②）

　原因の1つは食品製造業の経営者がマネジメント志向でなく、かつ生産工学などの活用ができなかったことにあると考えている。当然ながら当事者である食品産業関連の人々の努力や能力が不足したことが最大の原因であったと思う。もう1つは食品産業を所管する農林水産省のリードが他の製造業を所管する経産省（かつての通産省）などのリードに比べて劣っていたことも原因ではないかと考えている。かつての農林水産省は食品製造業の生産性向上にほとんど貢献してこなかったと言えるのではないだろうか。

　日本の食品製造業の売上高は33.4兆円でこれは自動車製造業や化学製造業に引けを取らない規模である。一方日本の農水産物の国内消費額は10.5兆円で国内生産分は9.2兆円、輸入は1.3兆円である。売上から原材料費を引いた日本の食品製造業の付加価値額は33.4兆円－10.5兆円＝22.9兆円になる。ところが日本の農水産物の国内生産分が仮に材料費ゼロで全て付加価値だったにしてもその付加価値額は9.2兆円にしかならない。農林水産業は食品製造業の付加価値額の半分にも満たないのである。このような現状に対して農水産省の人的資源の配分や予算配分は食品製造業の規模や国内経済に対する貢献から見て偏っていたのではないだろうか。（215ページにつづく）

実践事例 12
　座り作業からライン作業のその後

　この事例は拙著「食品工場の工程管理」(日刊工業新聞社　2013)に掲げた御干菓子工場の箱詰め作業の作業改善の事例の続編である。この工場では筆者が最初に伺ったときは下左図(図表4-54)のような座り作業の状態であったが、1年も経たない間に下右図(図表4-55)の立ち作業でしかもコンベアを利用した流れ作業に変えて行った。コンベアベルトにはワークをおく位置を示す線を引きタクトタイムを意識した効率的な作業が行なわれるようになった。当初作業者からは足腰の張りなど体の不調を訴えるなどの不平が少しはあったが、慣れるとともに直ぐに解消して立ち作業が当たり前だとの認識に変っていき、生産性は徐々に確実に向上していった。その後同様の不平は一切なくなった。この間いろいろな改善や工夫を行なったが、これまでの改善の詳細は上述の拙著をご参照下さい。

　改善を推進していくことで生産性は向上し図表4-56の様に新工場を建設した。新しい工場は床面積も広くより長いコンベアラインを敷設することが可能になり、図表4-57、58のようにライン当りの作業者数を増加させ、作業者一人当たりの作業負荷を減少させることで生産性を向上させていった。ところがライン当りの作業者数が増加すると作業(仕事)量と労働量(作業者数)を適合することが難しく

図表4-54　一人完結型座作業

図表4-55　ベルトコンベアによる流れ作業

これまでは左の写真のように座って作業をしていたが、それを右の写真のようにコンベアを使った流れ作業に変えた。当初は作業者から不平が少し上がったが、慣れてくるとともに生産性が向上していった。

第4章　キーポイントですぐできる実践事例

図表4-56　新工場概観

図表4-57　コンベア作業

図表4-58　コンベア作業

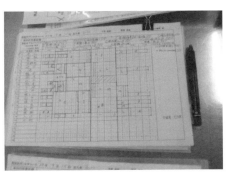

図表4-59　作業者アサイン図

> 新工場では図表4-57、58のように長いコンベアを敷設し、作業者数を増加させて生産性を向上させた。そして適切な能力の作業者を適切な数配置させるため図表4-59の表をつくった。

なった。そのためにそれぞれの仕事に対して適切な作業者数或は適切な能力の作業者をアサインするために図表4-59のような図を作成して効率的な作業者の割り振りを行なうと同時に、むやみにコンベアラインを長くするのではなく、作業量の多いものやロットサイズの大きいものは長いライン、作業点数の少ないものやロットサイズの小さいものは短めのラインを使用するようにして効率的でムダの少ない生産に努めた。

より効率的なライン作業のために1ライン当りの作業者数を増加させていったが、箱詰め作業と包装機の作業のピッチが異なるために、どうしても二つの工程間に仕掛在庫の山ができてしまう現実があった。そのために手押し台車による仕掛品の移動と山積み山崩しの作業から免れることができなかった。この問題を解決する

には、物理的に二つの工程をつなぐ必要が有るのは当然のこととして、加えて二つの工程の作業ピッチをできるだけ合わす必要があった。そのためにラインコンベアを長くして作業者数を増やして箱詰め作業の作業者一人当たりのタクトタイムを短くし、作業ピッチを上げて包装機のピッチと合わせることで、箱詰め工程における投入から包装工程の製品のコンテナへの収納まで一気通貫で行なうことができるようになった。

　箱詰めと包装の工程を連続して一気通貫生産するとアイテムにもよるが、運搬と

図表4-60　作業風景

図表4-61　包装機との連携

図表4-62　包装機と同期した箱詰めライン

図表4-63　従業員教育

> 上左の写真のようにラインコンベアを長くし、作業者数を増やして一人当たりのタクトタイムを短かくし、作業ピッチを上げて包装機のピッチを合わせることで、箱詰め工程への製品投入から包装、コンテナ収納までを一気通貫で行うことができるようになり山積み山崩し作業がなくなった。そしてこれを実現するために生産管理に関する教育をパート社員を含む全従業員に対して行った。

山積み山崩しの作業がなくなる為にほとんどの製品で10〜20％の生産性向上を実現できた。ただし生産ラインの生産性が向上するといつの間にか製品在庫が増える傾向にあるのでこの点も留意していかなければならない。勿論ロットサイズの小さいものや部品点数が少ない製品は短めのラインで別に流すことは当然である。

　また、このような生産を行うに際しては従業員の理解と協力が必須の条件であるので責任者を明確化し、今までは班長クラス以上の従業員のみを対象に行なってきた生産管理に関する教育をパート社員も含む従業員全員に対して行なった。このことが本例におけるような作業改善、生産性の向上には極めて重要であることがわかった。

　この工場では部門全体の生産性の算出だけではなく、全ての製品に対してそれぞれ生産性の算出を行っている。そのためには作業者のライン間の移動を的確に管理する必要があり、作業ごとに作業者の移動による人工時数を管理することが必要になるが、その目的でも上記の作業計画図が有効であった。販売数の小さい物は生産性が低下し製造部門では中止したいが、販売部門はその商品があるからそのお客さんはわが社と取引しているから中止できないという口実はよく聞く話である。当社でも当初そのような反応は少なからずあったが、抽象的な話ではなく商品別の生産性が具体的に示されていたので合理的に商品の値上げや改廃を進めることができるようになった。このように商品の整理によって生産性を1割以上向上することができた。生産性を向上するためには分子である付加価値を増やす必要があるので、生産性を向上するにはこの例のように製品在庫の縮小も含めて製販が協力して取り組む必要がある。

キーポイント

- コンベアベルトにワークをおく位置を示し、タクトタイムを意識した作業を行う
- それぞれの仕事に対して適切な数、能力の作業者を割り振るためにアサイン図を作る
- 一気通貫生産にすると運搬と山積み山崩しの作業がなくなる

実践事例 13
すし工場の鯖の前処理

　本事例図表4−64は鯖寿司の銘店の工場の以前の様子である。この工場では鯖は外部の工場で下処理をした状態で入荷される。それは鯖の内臓と頭部分を除いたいわゆる3枚に卸したフィレーとしてプラスチック製のトロ箱に入れて納品される。この工場での作業は納入されたフィレーの内臓を除いた体腔部のあばら骨と側部の小骨を取り除き、表皮を剥がし、その加工を施した鯖を定規で鮓のサイズに合わせて尾部を切り落とし、それを並べて調味した酢液に漬けるのである。この図表では作業者は思い思いの場所に陣取り思い思いの作業速度とテンポで作業をしていた。したがってそれぞれの作業者の前の仕掛の量はまちまちである。ワークが一方向に流れないために作業が交差し時には時々魚が飛び交うことすらあった。これは日本中の水産加工場ではよく見られる風景である。これを図表4−65のように作業のやり方を変更した。作業者は一列になって作業台に並んでおり、ワークは手前から奥に向かって処理されている。最初のワークの山はトロ箱を遷すために仕方ないけれども後の工程には仕掛の山は見られない。それぞれの工程が同じリズムでしかも同一方向に流れていっているので作業効率のアンバランスで生ずる仕掛在庫の山はできない。

　生産性向上の成果として本作業では当初一人が1時間当たりどのくらい処理できるか計数的な測定も記録もなく生産効率は不安定であった。今回の改善活動を始めた頃には6人体制で550枚／人時であったが、最終的には5人体制で650枚／人時と2割近く生産性は向上しまた不良率も確実に低下した。それだけではなく一連の作業を効率よく行なうための必要人員が6人から5人に減少したことも作業者確保が難しい昨今の現状において工場経営の面から有効である。

　生産は流れだと何時も申し上げているが、このように作業者の位置や流れの方向を整えるだけで作業の能率は各段に上がる。作業者は付加価値作業にできるだけ専念し、運搬や移動といった非付加価値作業をできるだけ行なわないようにするだけで、投資をしなくても生産性は向上する見本である。この工場の以前の作業状態は日本中の加工場で見られる。この例のような不安定な作業を改善するだけでも食品工場の生産性は改善するのである。

第4章　キーポイントですぐできる実践事例

図表4-64　以前の加工状態

上の写真では、作業者は思い思いの場所で勝手な速度で作業していたため、仕掛り量はまちまちとなり、作業が交差したりした。対して下の写真では作業者は一列に作業台に並び一方向に流れるようになり、仕掛の山が見られなくなった。

図表4-65　現在の加工状態

 キーポイント

- それぞれの工程が同じリズムで同一方向に流れると仕掛り在庫の山はできない
- 生産性の向上とともに不良率も確実に低下する
- 作業者の位置や流れの方向を整えるだけで作業の能率は格段に上がる

実践事例 14
箱詰め包装仕分け作業の効率化

　工場においては生産作業効率は極めて重要であるが、出荷作業の効率も工場全体の効率に大きく影響し、生産作業効率に劣らず重要である。この工場では製品の出荷作業をする中で出荷宅配セット作業時の歩く時間や商品を置く位置でムダな動きがあり、宅配セット作業の一箱当たりいくらコストがかかっているか管理が必要と以前から感じていた。そこで2月から包装作業ありとなしで分けて宅配作業以外の業務も含め、準備段階の時間も含めて個別にデータ取りを実施した。すると出荷宅配セット作業時の歩く時間や商品を置く位置でムダな動きがあることが分かった。そこで作業場のレイアウトの変更を行うと、作業時間から割り出した宅配セット作業1件当りの所要時間は作業場レイアウト変更前215.44秒／人、変更後209.67秒／人で5.77秒の短縮化となり、作業員時給を仮に1,000円と設定すると5月には1件当り1.60円／人の人件費削減となった。邪魔になる設備があったのでこの設備を4月末に撤去しレイアウトを変更した。日配作業場・宅配作業ライン・吾鮓箱詰め作業エリアを設け、カンバンでの表示を行い間違いがないようにかつ効率的な作業ができるようにした。

　コスト管理は売上に対する主要業務の時間から月単位で割り出すよう6月8日に方式を決定し、パソコン入力にて管理している。月単位での集計となるため、7月8日までのデータを基にコストを割り出した。宅配セット作業は現状平均1人1時間に46件（目標60件／人時）。宅配についてはその時々の通販プランや夏季の保冷剤対応等日ごとの注文内容の傾向で数値の上下が発生してしまうことは避けたいが、平均値の安定化を図るため基本的に効率的に作業できる人の方法を作業遅めの人にもできるように、作業遅めの人の作業時に傍で方法をアドバイスした。また作業の早い人の作業時に遅めの人に傍で観察してもらう機会を作った。レイアウト変更後の宅配セット最終梱包は17件／人時から21件／人時に向上した（19％の時間短縮）。

　以前は図表4－66のレイアウトであった。出荷場の仕事の配置が良くないために5人中仕事をしているのは2人という現実があったので、レイアウトを4テーブル（鮓箱詰め作業、宅配作業、大手出荷作業、翌日日配準備作業）に分け運用を開始した。毎日の日配、大手、宅配、各業務について労働時間をデータ取りして、売上に対するコスト管理を部門別にまとめていく方法を決定し開始した。各作業目標値は鮓箱詰め180本／人時、当日大手出荷42件／人時、翌日大手準備4件／人時、宅配

第4章　キーポイントですぐできる実践事例

図表4-66　以前のレイアウト

上の写真では、中央にコンベアがあり、出荷場の仕事の配置が良くなかったため、5人中仕事をしているのは2人という状況だった。それを下の写真のようにレイアウトを4テーブルに分けて運用することで作業効率を上げた。

図表4-67　中央のコンベアを除去した配置

セット60件/人時、宅配最終梱包70件/人時、宅配包装35件/人時、翌日日配準備15箱/人時で目標値は作業性の良い条件下で作業早めの人がこなした時に達成可能な数字にした。レイアウト変更前の数値を目標値へ向上させた場合、部門平均89.1％に作業時間を短縮できる。そのため不慣れな人への作業動作アドバイスや知識の蓄積が大事になる。業務知識を蓄積させた人に離職されないよう人に配慮した部署運営を進めていった。

　重量増で運搬に手間どる台車押しにハンドルのあるものを導入すると大き過ぎる

タイプの台車になる。台車は包装あり・なし・完全包装・簡易包装・ケータリング分等用途別に分別する為に、台車数を要し高く積み上げがちになる。ケータリング分を早く完全に最終梱包迄済ませ台車数を減らす。台車が高くなりすぎる前に梱包をすませてしまう等の動きを工夫した。

鮭箱詰めのレイアウト変更前平均152本／人時→変更後平均182本／人時（目標値180本／人時→200本／人時）、当日大手出荷は変更前38件／人時→変更後平均39件

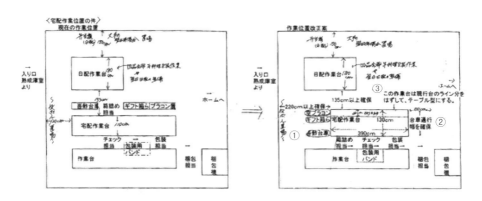

図表4-68　出荷レイアウト検討図

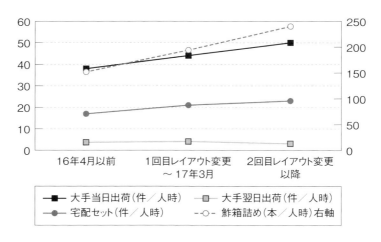

図表4-69　出荷部門の生産性向上

／人時（目標値42件／人時）、翌日大手出荷準備は変更前3.7件／人時→変更後4.5件／人時（目標値4件／人時→5件／人時）、宅配セットトータルは変更前平均17件／人時→変更後20件／人時、目標値は高めの数字を設定した。宅配、大手出荷で保冷剤をセットした宅配は発泡スチロールにて出荷のため、セット作業、最終梱包ともに作業が煩雑になってしまった。そのため鮨箱詰めの標準作業書を作成した。また、生産性が悪くなる要因を挙げ事務や営業に要望を伝達するようにした。

　作業性を良くするために箱詰め担当者とチェック担当者を横並びで作業することができるようにレイアウトするには、①宅配作業台を現行のものから短くて幅の広いタイプのテーブルに変える。テーブルが短くなったスペースに製品の台車や空プラコンの台車等を置き箱詰め担当者の直ぐ傍に置く。②箱詰め担当者は直ぐ傍のダンボール置場にはないダンボールの種類をとりに行く際大廻りにならないように、台車の通行ができるように壁側のスペースを100cm巾とって行き来をし易くする。③中央通路は大手向け出荷の際に荷物を運び易くするために135cmの巾は確保したいので、最大巾時130cm、最小巾時には100cmと30cm折りたためるタイプにできれば、大手出荷で中央通路スペースを大きく必要とする日と、発泡スチロールや保冷材で溢れる夏季以外であれば横並びの作業が可能になる。図表4－68のような工夫をし図表4－67のように変更した。

　この職場では上記のように包装出荷作業の効率化に2年間にわたり取り組んだ。その人時生産性（製品の包装出荷処理数）の変化を整理すると図表4－69のようになった。製品カテゴリーによってはその向上率は異なるがそれでもほぼ2割以上の生産性の向上になった。大手翌日出荷をのぞいてそれぞれのカテゴリーにおいて1年数ヶ月で3割ほど生産性（処理件数）が向上した。上述のように担当部署で実施した作業の改善が実を結んだものと判断される。今回大手の翌日出荷分では生産性向上が見られなかったが、実は発注者側のミスがありその修正に手間取ったのと、もともと案件が少ないためにそれを回復することができなかったことによるものである。このようなアクシデントがなければ同様な向上があったものと考えられる。

キーポイント

- 効率的に作業できる人の方法を作業遅めの人にアドバイスする
- レイアウトを変更することで作業効率を向上させる
- 業務知識がある人に離職されない"人に配慮した"運営が大事

実践事例 15
工場レイアウトの検証

　前の事例で出荷作業においても生産性向上にはレイアウト変更や作業の改善などによる生産（作業）の流れが大切であること述べたが、生産の流れを改善するためには目先の作業の改善だけでは達成できないことが多い。それにはラインのレイアウトなど生産ラインの構造の問題も含まれる。訪れた多くの食品工場でラインのレイアウトが余り検討されていないことを感じることが多くあった。例えばある機械や装置を設置したとしよう。その時には工場の構造や面積や工場の他の部門との関連等種々の条件が加味された最善の判断によるものであったと期待される。

　ところが次の設備や機械を導入するときには、既に設置されている機械や装置の存在に引っ張られ、次の機械や装置が案外と安易に設置されたのではなかろうかと感じられることが多い。次の機械や装置も次の次の機械や装置の設置もそうなりがちである。そうするとそのラインの状況はいわゆる成り行きで形作られたとも言える非合理なラインが形成されてしまっている可能性が高いのである。

　もしも皆さんの工場にそのようなラインがあるとしたら早急に生産性の高い合理的なラインに改善しなければならない。ところが多くの食品工場は水や蒸気などの供給が必要である。給水のほか排水の問題もあり他の工場に比べて設置の制限要素が多くなる。したがってラインの構造や編成を変えるときには、例えば給排水、電源の位置や種類、床の構造や強度、傾斜のほか、蒸気の供給、コンプレッサーのエアーの供給、通路やリフトの位置のほか、隣のラインとの境界など種々の条件のほか、衛生ゾーンや工場全体の変更計画なども考慮しなければならない。

　右の2枚の写真は異なる工場の写真であるが、どちらもラインのレイアウトを検討している際の写真である。当該ラインの責任者、上流工程や下流工程の担当者、工務責任者など関係者が一同に現場に集って改善の検討を行なっている場面である。種々の条件の制約の中で如何に生産性を向上させるか考えなければならない。もちろん交差汚染をはじめとして、食品工場には確保しなければならない食品衛生上の制約があることも忘れてはならない。いずれにしても食品工場の生産性向上には作業そのものの改善と、ラインのレイアウトを含むラインの改善があることを忘れてはならない。

第4章　キーポイントですぐできる実践事例

図表4-70　ラインレイアウト検討

レイアウト変更を検討する際は、当該ラインの責任者だけでなく、上流・下流工程の担当者、工務責任者など関係者が一同に現場に集まって検討する必要がある。

図表4-71　全体のレイアウト変更検討

 キーポイント

- 目先の作業改善だけでは生産の流れを改善できないこともある
- ラインが成り行きで作られると非合理なものになってしまうこともある
- ラインの構造や編成を変えるときには、工場全体の変更計画なども考慮しなければならない

実践事例 16
工場事例のまとめ　これだけやれば生産性は向上する

　食品製造業の生産性は、残念ながら主要製造業の中で最も低い。食品工場の生産性を向上させるために、先ず見直していただきたいのは、分業ができているか、標準化ができているか、ライン化ができているかである。生産性の低い食品工場では、一人完結型の作業が蔓延している。一人完結型のマイペースの作業では、生産性は向上しない。作業分析を行なって作業標準を決めて、目標を定めて生産を行うことにより生産性は向上する。

　製造条件によって生産リードタイムの短縮が難しい、フローショップ型の食品工場では、メイクスパンの短縮により生産性を向上しなければならない。この時ジョンソン法の考え方は有効であり、生産品目の少ない工場では、大きな成果を上げることもできる。生産品目の多い工場では、正確なスケジュールを作る事が生産性の向上に繋がる。品目が多く、生産のパターンが常に変わる工場では、スケジュールが複雑になるので、ITの活用も必要となるであろう。

　IE手法による作業の効率化も重要である。作業の流れが乱流になったり、移動距離が長かったり、手向きが悪かったり、レイアウトが悪いために生産効率が落ちている工場もある。作業のやり方が稚拙な食品工場は案外と多い。これらの改善には余りお金が掛からないものもある。

　しかしこれらの問題の解決には、問題の発見能力と問題の改善能力が必要であり、日ごろからIE的な発想で工場を観察することが必要である。もちろん従業員のモラルが低ければ、これらの改善はできないので、社員のモチベーションを上げる努力が必要であり、社員教育も重要である。作業を見直す時、ラインの整流化、同期化、一気通貫生産など、円滑にラインが稼働しているかどうか、確認の必要がある。頑張る、努力するだけでは生産性は向上しない、生産性向上に必要なものは熱意と同時にIEのような論理的思考である。

　量販店などで用いられている、米国で考えられたレイバー・スケジュールに基づく、仕事量と労働量をできるだけ近づけるという考えは、製造業においても生産性を上げるために有効である。確定した受注により生産する工場では必要労働量を正確に事前に見積もることができるはずである。

　ITを活用して生産スケジュールを作成すると、必要な労働力まで算定できるようになる。しかも保存性のある食品の生産スケジュールには、ある程度の自由度が

ありその範囲で、生産の順番などを入れ替えることができるので、仕事量の平準化を図ることができる。工場の見える化により、仕事量の平準化ができ、労働力を効率良く利用することができる。多品種食品工場において、このような方法を用いて労働量換算で、20％程度の生産性が向上することが確認された。このような努力の積み重ねによって、食品製造業の生産性は向上すると信じる。

いずれにしても生産性が低いということには、原因や理由がある。従って生産性を向上させるにはその原因や理由を取り除かなければならない。次にその原因と思われるものを図表4－72の特性要因図にまとめてみた。自分たちの工場や職場にそのような原因がないか、もう一度見渡していただきたい。

これまで述べてきた内容を整理すると、低生産性業種食品工場の生産性向上のためには、以下の工場改革が必要であると考えられる。

①現在の作業の仕方をもう一度見直し、効率的な標準化した方法に改め、周知させる。
②一人完結作業はないか、分業により作業の効率化を図る。
③機械化、自動化できるところはないか。
④必要に応じて、有効な冶具の導入・設備の改善なども検討する。

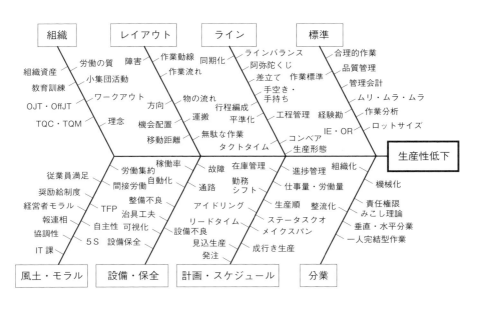

図表4－72　生産性低下の特性要因図

⑤手空き、手待ちのない効率的スケジュールにより、メイクスパン（工場稼働時間）を減少する。
⑥段取りを効率化して、段取り時間を削減する。
⑦効率的な生産スケジュールによる、時間毎の仕事量に対する必要労働量を算出する。
⑧時間毎に必要労働量に見合った労働量を供給できる勤務パターンを作成する。
⑨無駄な作業はないか、IEやORを駆使し作業を改善する。
⑩レイアウトを改善し、無駄な作業や運搬を省く。
⑪平準化、同期化、整流化をはかる。
⑫常にローコストオペレーションの意識を持ち工場運営をおこなう。
⑬機械設備の保全管理を確実に行なう。
⑭社員の教育・トレーニングを充実する。
⑮IT導入とそれを可能にする組織資産・無形資産（インタンジブル・アセット）の充実を図る。
⑯社員満足度をあげ勤務年数を伸ばし、労働の質を高める。
　以上のポイントで工場をくり返し見直しをして、貴工場の生産性を継続的に向上していただきたい。

> **コラム**
> **Column**
>
> 『食品製造業で豊かに』
> 食品産業生産性向上フォーラムに取り組んで（その③）

　コラム①、②に書いてきたことはこれまでも何度となく書籍や雑誌に書いてきた。また農水省にも直接訴えてもきた。そのことが影響を与えたのかどうかは分からないが、現在の農林水産省の食品製造課は、以前は食品製造卸売課であり食品製造業と食品流通業の両方を取り扱う課であったが、2015年10月から食品流通課と食品製造課に分けられ食品製造課は食品製造業に特化した。また2017年には食品産業戦略会議が招集され、これには専門委員として参加した。戦略会議では現状を分析し2020年代の食品産業のあり方の指針を作り2018年4月に発表した。

　同年には食品産業生産性向上フォーラムが全国9箇所（東京、高松、金沢、大阪、札幌、仙台、広島、名古屋、福岡）で開催され全国の食品製造関係者および関連の方々に食品産業の生産性向上を訴え、同時に新しい技術の紹介を行なっている。このほかにも革新的技術で生産性を実証するための革新的技術活用実証事業と専門家の助言で生産性を高めるための業種別業務最適化実証事業が予算化され実行されている。このように少しずつではあるが食品製造業の生産性向上のための政策が農水省から実施され始めている。

　今までは食品製造業者は例えば中小企業庁の設備近代化資金などの農林水産省以外の省庁の予算に頼らざるを得なかったが、少しずつではあるが食品製造業の所轄省庁である農林水産省がスタンスを変え始めていることは日本の食品製造業にとって喜ばしいことである。そのようなことの積み上げで食品製造業の人々の給与が増加してより良い生活ができることを願っている。また食品製造業の生産性の向上は浪費している40万人の労働力を他の産業に移動できる可能性を生む。これは労働力不足の日本にとって価値のあることである。今後も可能であれば微力ながらも食品製造業の生産性向上に尽くして行きたいと考えている。

あとがき

　長い間食品に関わってきた。その間筆者の頭を離れなかったのは、食品製造業の低生産性である。産業の生産性と従事者の平均給与額の間には高い相関があり、生産性が高い産業は平均給与が高く、生産性の低い産業のそれは低い。食品製造業の生産性は製造業平均の60％と低く、その中でも就業者数で約90％を占める、低生産性業種の生産性は製造業の約52％とさらに低い。平均給与もそれに準じて低く、労働条件も余り良いとは言えない。著者が注目してきたのはこの食品製造業低生産性業種である。低生産性業種の生産性を向上し、従事者の勤務状況を少しでも変えたい思いでこの本を書いた。

　また食品製造業は製造業の中で、最大の従事者数（製造業の就業者の12％程度）を有する従事者数で最大の製造業である。この様に多くの人々が低い生産性で勤務することは、日本全体の経済の為にも良くない。生産性の国際比較が時々ニュースに昇るが、食品製造業が製造業の生産性を約5％程度下げている。食品製造業の生産性を、このまま何時までも放置することはできない。

　そのような思いでこの本を著した。その思いが少しでも読者諸氏に届けば本望である。食品工場の生産性向上の阻害要因と、その改善策を多くの事例と共に示したが、参考になったであろうか。少しでも役立ち、日本の食品製造業の生産性が向上すれば望外の光栄である。

　工場でのコンサルティングを通じて、経営者や従業員の多くの方々と知り合いになれた。皆様と意見や情報の交換、ディスカッションの機会を持つことができた。食品工場でのこれらの経験を元に、この本を著すことができた。コンサルティング又写真の掲載に、ご協力いただいた皆様に感謝したい。コンサルティングを通じて、工場で親しく接して頂いた多くの皆様にも感謝したい。

　学校以来お世話になった多くの先生方、特に研究を導いていただいた、鹿児島大学名誉教授故大城善太郎先生、大阪女子大学名誉教授故松本博先生、九州大学名誉教授篏島豊先生には深甚なる感謝を述べたい。職場でお世話になった多くの方々、特にプログラミングしてくれた松塚康氏にお礼を申し上げたい。最後に食品製造業の生産性向上に対する、筆者の熱意を理解し支えてくれた妻裕子に感謝したい。

参考文献

- 坂本重泰：日本の製造業における生産性実態の考察
- 農林水産省 消費・安全局：食品のトレーサビリティの構築に向けた考え方、平成16年3月
- 弘中泰雅：食品機械装置、p.81、5、2002
- 圓川隆夫ら編:生産管理の事典、朝倉書店（1999）
- 弘中泰雅： 食品工業、光琳、2004－8.30 p 56-66
- 弘中泰雅： 食品工業、光琳、2008－7.30 p 57-62
- 内閣府（日本リサーチ総合研究所委託調査）： 業種別生産性向上に向けた検討課題（中間とりまとめ） 平成20年2月
- （財）食品産業センター：食品産業統計年報 平成21年度版 （2010.1.20）
- 経済産業省:「平成18年工業統計表[産業編]データ」(2008)
- 弘中泰雅:「全要素生産性から見た日本の食品製造業の実情」日本生産管理学会論文誌、第15巻、
  第1号、pp.99-104（2008.10）
- 経済財政諮問会議資料:「業種別の生産性向上に向けて」(2008)
- 内閣府（日本リサーチ総合研究所委託調査）:「業種別生産性向上に向けた検討課題 中間取りまとめ」(2008)
- 青木昌彦、Alan Garber、Paul Romer:「日本経済の成長阻害要因」－ミクロの視点からの解析－ McKinsey Global institute（2000）
- 経済産業省「平成19年工業統計表[品目編]データ」(2009)
- 谷口恒明：(財)社会経済生産性本部「全要素生産性産業別 企業規模別比較」"日本の技術進歩（全要素生産性）90年代の低迷から脱却し、回復傾向が鮮明にただし、産業間・企業間の格差は拡大"（2005）
- JIPデータベース2008：（独）経済産業研究所 www.rieti.go.jp/jp/database/JIP2008/index.html（2008.12.2）
- 弘中泰雅：目指せ！生産性向上 1：生産性がいかに食品企業の経営を左右するか：食品工場長 No.128 pp.24－25
- 弘中泰雅：目指せ！生産性向上 2：労働生産性向上が必須な労働集約型工場：食品工場長 No.129 pp.24－25
- 弘中泰雅：目指せ！生産性向上 3：生産管理のパラダイムシフト：食品工場長

No.130　pp.72 − 73
・弘中泰雅：目指せ！生産性向上 4：トヨタ生産方式　〜かんばん方式とアンドン方式〜　食品工場長　No.131　pp.32 − 33
・弘中泰雅：目指せ！生産性向上 5：生産計画・管理の方法：食品工場長　No.132　pp.50 − 51
・弘中泰雅：目指せ！生産性向上 6：スケジューリング：食品工場長　No.133　pp.44 − 45
・弘中泰雅：目指せ！生産性向上 7：在庫管理：食品工場長　No.134　pp.48 − 49
・弘中泰雅：目指せ！生産性向上 8：品質管理：食品工場長　No.135　pp.66 − 67
・弘中泰雅：目指せ！生産性向上 9：事例1 生産管理の基本はステータスクオ：食品工場長　No.136　pp.68 − 69
・弘中泰雅：目指せ！生産性向上 10：事例2 作業管理：食品工場長　No.137　pp.66 − 67
・弘中泰雅：目指せ！生産性向上 11：生産量と過剰設備：食品工場長　No.138　pp.68 − 69
・弘中泰雅：目指せ！生産性向上 12：保全管理と工場診断：食品工場長　No.139　pp.68 − 69
・弘中泰雅：目指せ！生産性向上 13：IT活用に必要な総合的企業力：食品工場長　No.140　pp.64-65
・弘中泰雅：日本食糧新聞、"全要素生産性から見た日本の食品製造業の現状"、2008-3.12
・弘中泰雅：レーバースケジューリング　オペレーション：パンニュース　パンニュース社　08年5月15日
・弘中泰雅：食品製造業の全要素生産性向上　無形資産"の一層の充実を：生産性新聞　（財）経済社会生産性本部　08年8月25日
・アダム・スミス著：国富論、中央公論者（1997）
・平野裕之、古谷誠著：とことんやさしい 5Sの本、日刊工業新聞社（2006）
・大野耐一：トヨタ生産方式—脱規模の経営をめざして—、ダイヤモンド社（1978）
・フレデリック W.テイラー：｜新訳｜科学的管理法—マネジメントの原点　ダイヤモンド社（2009）
・（社）日本経営工学会編：生産管理用語辞典、日本規格協会（2002）
・藤本隆宏著：生産マネジメント入門（生産システム編）、日本経済新聞社（2001）

- 伊丹敬之、加護野忠男著：ゼミナール　経営学入門　第三版、日本経済新聞社（2008）
- 副田武夫著、よくわかる「かんばんと目で見る管理」の本、日刊工業新聞社（2009）
- 経済産業省：平成17年工業統計表（平成19年4月25日公表）
- 岩田規久男：日本経済新聞、成長を考える、平成19年6月21日
- 独法　情報処理推進機構　IT経営応援隊事務局：「これだけは知っておきたいIT経営」2006年版
- エリヤフ　ゴールドラット：「チェンジ・ザ・ルール」ダイヤモンド社、2002
- 弘中泰雅、日本生産管理学会誌、Vol.15、No.1　(2008)
- 「労働生産性の国際比較、1988」社会経済生産性本部、1988：出所1）
- 平成13、14、17、22、26年工業統計表（平成15年4月25日公表）
- Y. Hironaka：Cereal Food World: Vol.45、No.7、　p297-299　July,　2000,
- 弘中泰雅：食品機械装置、2007-9　p.62-70

著者紹介

弘中　泰雅　（ひろなか　やすまさ）

　テクノバ株式会社　代表取締役
　www.technova.ne.jp　mailbox@technova.ne.jp

経歴
1976年　鹿児島大学大学院水産研究科修了
　　　　農学博士(九州大学)、中堅食品企業にて研究室長、製造課長等歴任
　　　　船井電機にて食品課長、電化事業部技術部次長(技術責任者)
　　　　世界初の家庭用製パン器の開発に携わる　功績により社長表彰
2000年　テクノバ株式会社設立　生産管理ソフト「アドリブ」開発
　　　　食品工場等の指導多数　ISO22000審査業務
2017年　農林水産省　食品産業戦略会議　専門委員
2018年　農林水産省　食品産業生産性向上フォーラム　企画検討委員長
受賞歴　ベストITサポーター賞(近畿経済産業局長)受賞
　　　　日本生産管理学会賞受賞　日本穀物科学会賞受賞
所属学会　日本生産管理学会 理事、標準化研究学会、日本食品科学工学会、
　　　　日本穀物科学研究会理事　食品産業研究会主宰
主な執筆　よくわかる「異常管理」の本(日刊工業新聞社、2011)、ムダをなくして利益を生み出す
　　　　食品工場の生産管理(日刊工業新聞社、2011)、生産性向上と顧客満足を実現する　食品
　　　　工場の品質管理(日刊工業新聞社、2012)、モノと人の流れを改善し生産性を向上させ
　　　　る！食品工場の工程管理(日刊工業新聞社、2013)、食品工場の経営改革　こうやれば儲
　　　　かりまっせ！(光琳、2013)、"後工程はお客様"で生産効率をあげる！　食品工場のトヨ
　　　　タ生産方式(日刊工業新聞社　2015)、"ムダに気づく"人つくり・しくみつくり　食品工
　　　　場の生産性2倍(日刊工業新聞社　2016)、月刊食品工場長(日本食糧新聞社)、食品工業
　　　　(光琳)等　学会誌技術誌多数

ムダをなくして利益を生み出す
食品工場の生産管理 第2版
NDC509.6

2011年 8月30日　初版1刷発行　　　　定価はカバーに表示されております。
2016年 5月31日　初版6刷発行
2018年 9月25日　第2版1刷発行

　　　　　　　　　　　　　ⓒ著　者　弘　中　泰　雅
　　　　　　　　　　　　　　発行者　井　水　治　博
　　　　　　　　　　　　　　発行所　日刊工業新聞社

　　　　　〒103-8548　東京都中央区日本橋小網町14-1
　　　　　電話　書籍編集部　03-5644-7490
　　　　　　　　販売・管理部　03-5644-7410
　　　　　　　　FAX　　　　03-5644-7400
　　　　　　　　振替口座　00190-2-186076
　　　　　　　　URL　http://pub.nikkan.co.jp/
　　　　　　　　email　info@media.nikkan.co.jp

　　　　　　　印　刷　・　製　本　新日本印刷

落丁・乱丁本はお取り替えいたします。　　2018　Printed in Japan
　　　　ISBN 978-4-526-07881-1

本書の無断複写は、著作権法上の例外を除き、禁じられています。

日刊工業新聞社の売行良好書

今日からモノ知りシリーズ
トコトンやさしいアミノ酸の本
味の素株式会社　編著
A5判　160ページ　定価：本体1,500円+税

今日からモノ知りシリーズ
トコトンやさしい高分子の本
扇澤敏明、柿本雅明、鞠谷雄士、塩谷正俊　著
A5判　160ページ　定価：本体1,500円+税

今日からモノ知りシリーズ
トコトンやさしい発酵の本 第2版
協和発酵バイオ株式会社　編
A5判　160ページ　定価：本体1,500円+税

おもしろサイエンス
血圧の科学
毛利　博　著
A5判　144ページ　定価：本体1,600円+税

おもしろサイエンス
繊維の科学
日本繊維技術士センター　編
A5判　160ページ　定価：本体1,600円+税

「酸素が見える！」楽しい理科授業
酸素センサ活用教本
髙橋三男　著
A5判　160ページ　定価：本体1,800円+税

大人が読みたいエジソンの話
発明王にはネタ本があった！?
石川憲二　著
四六判　144ページ　定価：本体1,200円+税

日刊工業新聞社出版局販売・管理部
〒103-8548　東京都中央区日本橋小網町14-1
☎03-5644-7410　FAX 03-5644-7400

●━━日刊工業新聞社の好評書籍━━●

トヨタ式A3プロセスで製品開発
A3用紙1枚で手戻りなくヒット商品を生み出す

稲垣公夫、成沢俊子 著
定価(本体2,200円+税)　ISBN978-4-526-07462-2

高品質・短納期・低コストというモノづくりの底力は、売れる製品を生んで初めて効果が発揮されることになる。売れないモノをいくら効率良くつくっても意味がなく、売れるモノを確実に、しかも手戻りなく開発する「仕組み」が渇望されている。A3用紙1枚で問題の本質にたどり着くトヨタの管理メソッドを用い、製品開発に適用する仕事の進め方を軽快に綴る。

インダストリアル・ビッグデータ
第4次産業革命に向けた製造業の挑戦

ジェイ・リー 著
定価(本体1,800円+税)　ISBN978-4-526-07553-7

インダストリー4.0を実現する上で欠かせないインダストリアル・ビッグデータの活用と、ビジネスモデルのイノベーション設計分野におけるアイデア展開の方策を、著者が長年導入支援してきた設備・機器の分析・予知技術を軸に、体系的に記述した本邦初の本。インダストリアル・ビッグデータを活用して、製品やサービスの価値を変革していくための新たな視点と具体化策を授ける。

誰も教えてくれない「工場の損益管理」の疑問
そのカイゼン活動で儲けが出ていますか?

本間峰一 著
定価(本体1,800円+税)　ISBN978-4-526-07549-0

工場が改善活動や原価管理をいくら徹底しても会社全体としては儲からず、給与が増えないのはなぜか。棚卸や配賦、償却など工場関係者が日常ほとんど使わない会計の最低限の知識を噛み砕いて伝え、企業トータルで儲けが出る工場の損益管理の方法を指南する。経理部門とのやりとりをはじめ、製造直接/間接部門の管理職が身につけておきたい損益管理の疑問に答える。

わかる！使える！【入門シリーズ】

◆ "段取り"にもフォーカスした実務に役立つ入門書。
◆ 「基礎知識」「準備・段取り」「実作業・加工」の"これだけは知っておきたい知識"を体系的に解説。

わかる！使える！マシニングセンタ入門
〈基礎知識〉〈段取り〉〈実作業〉

澤 武一 著
定価（本体1800円＋税）

第1章 これだけは知っておきたい 構造・仕組み・装備
第2章 これだけは知っておきたい 段取りの基礎知識
第3章 これだけは知っておきたい 実作業と加工時のポイント

わかる！使える！溶接入門
〈基礎知識〉〈段取り〉〈実作業〉

安田 克彦 著
定価（本体1800円＋税）

第1章 「溶接」基礎のきそ
第2章 溶接の作業前準備と段取り
第3章 各溶接法で溶接してみる

わかる！使える！プレス加工入門
〈基礎知識〉〈段取り〉〈実作業〉

吉田 弘美・山口 文雄 著
定価（本体1800円＋税）

第1章 基本のキ！ プレス加工とプレス作業
第2章 製品に価値を転写する プレス金型の要所
第3章 生産効率に影響する プレス機械と周辺機器

わかる！使える！接着入門
〈基礎知識〉〈段取り〉〈実作業〉

原賀 康介 著
定価（本体1800円＋税）

第1章 これだけは知っておきたい 接着の基礎知識
第2章 準備と段取りの要点
第3章 実務作業・加工のポイント

お求めは書店、または日刊工業新聞社出版局販売・管理部までお申し込みください。

〒103-8548 東京都中央区日本橋小網町14-1　TEL 03-5644-7410
http://pub.nikkan.co.jp/　FAX 03-5644-7400